城市工程建设废弃物
资源化利用

黄靓 杨勇 ◎ 编著

U0283974

中国建材工业出版社

图书在版编目（CIP）数据

城市工程建设废弃物资源化利用/黄靓，杨勇编著
. --北京：中国建材工业出版社，2020.6
ISBN 978-7-5160-2862-9

Ⅰ.①城… Ⅱ.①黄… ②杨… Ⅲ.①城市建设－建
筑工程－废物综合利用 Ⅳ.①X799.1

中国版本图书馆 CIP 数据核字（2020）第 041313 号

内容简介

本书包括城市工程建设废弃物概述，建筑垃圾、工程渣土、城市污泥、废旧沥青路面材料的资源化利用，城市废弃物资源化利用相关政策法律体系，城市废弃物管理措施 7 个部分。书中涉及全国多个城市的实践经验，并结合最新发布的《建筑垃圾处理技术标准》（CJJ/T 134—2019）以及《建筑垃圾资源化利用技术指南》的相关规定，对目前城市工程建设废弃物资源化利用的现状及如何规范相关技术做了详尽的介绍。

本书适合从事城市废弃物与相关产业研究的研究人员、工程技术人员及企业管理人员参考使用，也可供全国各省市自治区城市废弃物管理部门人员参考，还可供高等院校相关专业师生参考借鉴。

城市工程建设废弃物资源化利用

Chengshi Gongcheng Jianshe Feiqiwu Ziyuanhua Liyong

黄 靓 杨 勇 编著

出版发行 中国建材工业出版社

地　　址：北京市海淀区三里河路 1 号
邮　　编：100044
经　　销：全国各地新华书店
印　　刷：北京雁林吉兆印刷有限公司
开　　本：710mm×1000mm 1/16
印　　张：11.5
字　　数：200 千字
版　　次：2020 年 6 月第 1 版
印　　次：2020 年 6 月第 1 次
定　　价：**58.00 元**

前　言

为深入贯彻落实习近平新时代中国特色社会主义思想和党的十九大精神，加强建筑垃圾全过程管理，提升城市发展质量，住房城乡建设部印发了《关于开展建筑垃圾治理试点工作的通知》（建城函〔2018〕65号），决定在北京、长沙、许昌等35个城市（区）开展建筑垃圾治理试点工作。

我国一些城市积极开展了城市工程建设废弃物资源化工作，取得了明显的成效。如湖南省长沙市作为国家建筑垃圾治理试点城市以及资源节约型和环境友好型社会建设综合配套改革试验城市，建立了多个建筑垃圾处置基地，积累了一些好的经验和做法。然而现阶段，城市工程建设废弃物在国内普遍采取直接填埋或者直接丢弃的方式处理，不仅污染自然环境，而且白白浪费资源。

为了深入总结全国多个省市自治区城市工程建设废弃物资源化利用的经验，以点带面，从中提炼出规律性、规范性做法，使我国各省市自治区的各级管理部门和企业单位更好地开展工作，充分利用城市工程建设废弃物，减少城市污染，湖南大学和长沙市建筑节能与新型墙体办公室历经两年多的调研及研究，并结合大量的工程实践撰写了本书。

本书的编写分为资料收集、素材整理、分类编写、专家论证等几个阶段，其间广泛听取了各级行政管理部门、企业及有关专家的意见和建议。本书包括城市工程建设废弃物概述，建筑垃圾、工程渣土、城市污泥、废旧沥青路面材料的资源化利用，城市废弃物资源化利用相关政策法律法规体系，城市废弃物管理措施7个部分。书中涉及全国多个城市的实践经验，并结合最新发布的《建筑垃圾处理技术标准》（CJJ/T 134—2019）以及《建筑垃圾资源化利用技术指南》的相关规定，对目前城市工程建设废弃物资源化利用的现状及如何规范相关技术做了详尽的介绍。

本书前四章由黄靓主持编写，后三章由杨勇、黄靓主持编写。邓鹏、肖振辉、高畅、赵永锋、张坤、毛伟炜、陈宇亮、蒋锦凯、高德宏等也参与了本书的撰写工作，本书在编写过程中还得到了李一帆、李隐、吕博东、王雨桐、张慧芳、吴玉前、张瀚文、杨聪、张晨、肖震宇、林明明等研究生的帮助，在此向他们表示感谢！

在此还要感谢长沙市墙改科研课题项目、国家重点研发计划"建筑垃圾资源化全产业链高效利用关键技术研究与应用"（2017YFC0703300）项目以及国家重点研发计划"长江中游典型城市群多源无机固废集约利用及示范"（2019YFC1904700）项目对本书出版给予的支持！

本书的撰写工作是系统阐述城市工程建设废弃物资源化的首次尝试。受水平所限，书中难免存在不足之处，敬请各行政管理部门、企业以及有关专家提出宝贵意见，以便对本书做进一步的修改完善。

编著者
2020 年 4 月

目　　录

第1章 城市工程建设废弃物概述

城市工程建设废弃物是指城市建设工程中施工单位新建、改建、扩建和拆除各类建（构）筑物、管网等所产生的弃土（石）、弃料及其他废弃物。根据来源可以分成四大类：建筑垃圾（这里指工程垃圾和拆除垃圾）、工程弃土、城市污泥、废旧沥青。现今，城市工程建设废弃物在国内普遍采取直接填埋或者直接丢弃的方式处理，不仅污染自然环境，而且浪费资源。直接填埋处置不仅占用了大量的土地资源，而且易造成土壤、大气、地下水污染，危害人群健康，易引发各类社会冲突和矛盾。

1.1 建筑垃圾

1.1.1 建筑垃圾的定义、组成和分类

建筑垃圾（图1.1）的组成会因区域经济发展程度、建筑结构、拆除方法、回收方式不同而改变，主要成分有散落的混凝土块、砂浆、碎砖等。不同的建筑结构形式，会改变垃圾组成成分所占比例；不同的施工管理水平，也会对垃圾数量造成巨大的影响。

图1.1 建筑垃圾

一般来说，对建筑垃圾按照来源分类，可包括如下几部分：

（1）旧建筑物拆除垃圾：分为碎砖块、混凝土块、废旧木料、塑料、石膏和灰浆、废金属及少量装饰装修材料。

（2）新建建筑施工垃圾：包括剩余混凝土，即工程中没有使用而多余出来的混凝土；建筑碎料，即凿除、抹灰等产生的旧混凝土、砂浆等；木材、金属、纸和其他废料等类型。

（3）建材生产垃圾：主要是指生产各种建筑材料过程中产生的废料、废渣，还包括建材成品在加工和搬运过程中产生的碎块、碎片等。例如，商品混凝土厂家在混凝土生产过程中产生的多余混凝土以及因质量问题不能被使用的废弃混凝土。

1.1.2 建筑垃圾的现状和危害

1.1.2.1 建筑垃圾的现状

建筑业是我国国民经济的支柱产业之一，近年来得到了迅速的发展，然而在建筑物新建、装修、维护和拆除过程中均会产生大量的建筑垃圾。根据砌体结构、现浇混凝土结构等建筑结构类型的施工材料的统计数据，平均 1 万 m^2 的建筑在施工过程中会产生 $500 \sim 600t$ 的建筑垃圾。目前的统计数据表明，每年我国有 15 亿 t 的建筑垃圾源于旧建筑物拆除。随着建筑垃圾的产生量与日俱增，建筑垃圾的组分相较过去也越来越复杂。早期的建筑多为砌体结构，拆除后产生的建筑垃圾多为混凝土块、废砖、钢筋等。我国目前建筑垃圾资源化利用的比例不高，很多地方对建筑垃圾的处理主要采取露天堆放或填埋的方式，未经任何处理就被运到郊外或农村。这种处理方式的技术含量和效益都非常低，不仅占用土地，还有可能对空气、水、土地等资源造成污染。

1.1.2.2 建筑垃圾的危害

（1）环境问题

随着城市的不断发展，大量的建筑垃圾随意堆放，不仅占用土地，而且污染环境，并且直接或间接地影响着人们的生活质量。

目前我国的建筑垃圾大多采用填埋的方式处理。建筑垃圾在堆放过程中，在温度、水分等作用下，某些有机物质会发生分解，产生有害气体，如废石膏中含有大量硫酸根离子，硫酸根离子在厌氧条件下会转化为具有臭鸡蛋味的硫化氢，这种有害气体排放到空气中就会污染大气；废纸板和废木材在厌氧条件下可溶出木质素和单宁酸并分解生成挥发性有机酸；垃圾中的细菌、粉尘随风飘散，造成对空气的污染；少量可燃建筑垃圾在焚烧过程中又会产生有毒的致癌物质，对空气造成二次污染。这些建筑垃圾释放的有害气体、飘浮的粉尘等会污染大气，影响当地市民的健康安全。在经历长期的日晒风吹雨淋后，建筑垃圾中的有害物质（其中包括油漆、涂料和沥青等释放出的多环芳烃）通过垃圾渗滤液渗入土壤中，从而发生一系列物理、化学反应，造成土壤污染，降低土壤质量，甚至妨碍植物生长或者导致植物死亡，有害物质还可由植物吸收，通过植物链影响动物和人体健康。

建筑垃圾还会侵蚀地表和地下水系统。建筑垃圾在堆放和填埋的过程中，大量的水合硅酸钙、氢氧化钙、硫酸根离子以及重金属离子等会在雨水渗透浸淋后溶出，如不加以控制，让其流入江河、湖泊或渗入地下，将会导致地表和地下水的污染。例如：苏州市河道管理处每年定期两次，在城区开展河道垃圾集中清理行动，据报道，河道垃圾中包含了大量的建筑垃圾，这些垃圾扔入河道后不仅影响水质，还影响河道畅通，引起社会安全问题。

2018 年 6 月 5 日，正值世界环境日之际，上海三中院宣判一起污染环境罪案件。4 名被告人违反国家规定，非法倾倒、处置含有有毒物质的建筑垃圾，严重污染环境且后果特别严重，其行为均构成污染环境罪。在 2015 年 10 月至 2016 年 5 月间，被告人所在的上海某清洁服务有限公司运输建筑垃圾 4451 车共计约 18 万 t，倾倒在浦东新区临港某地块。该公司在组织实施土方回填过程中，因施工措施不当，违规作业倾倒建筑垃圾，经过一段时间的日晒雨淋、发酵，造成地块周边环境污染。经权威机构检测，土壤和地表水中相关污染物严重超标。

同年 9 月 19 日，哈尔滨市公安局道里分局抓获 3 名恶意倾倒建筑垃圾、严重扰乱公共场所秩序的违法行为人。违法分子将 200t 的建筑垃圾恶意倾倒在群力健康生态园，严重影响了公园的生态环境，造成了不良的社会影响。

综上所述，建筑垃圾对环境的影响要引起高度重视，建筑垃圾减量化、无害化和资源化迫在眉睫。

（2）土地问题

建筑垃圾堆积、填埋将侵占大量的土地，导致土地无法有效地利用，如图 1.2 所示。按照垃圾平均产出量折算，每新建 1 万 m^2 建筑，就产出建筑垃圾 400 ~ 600t；每拆除 1 万 m^2 旧楼，就产出建筑垃圾 5000 ~ 7000t。

据统计资料，奥运会筹建期间，北京每年产生的建筑垃圾达 4000 万 t，奥运会后回落到 2000 万 t 左右；上海世博会筹建期间，年产生 2000 多万吨的建筑垃圾；苏州近年由于城市建设和老城区改造，每年产生近 750 万 t 建筑垃圾；深圳

图 1.2　建筑垃圾堆放

每年产生近 1000 万 t 建筑垃圾；广州每年产生近 1400 万 t 建筑垃圾。各大省会级城市每年产出建筑垃圾近千万吨，十几年来建筑垃圾总存量达几十亿吨。按照国际测算法，每万吨建筑垃圾占用填埋场的土地 1 亩，我国每年产生的建筑垃圾填埋占地面积就要超过 10 万亩。

随着城市建筑垃圾量的增加，垃圾堆放点的数量随之增长，垃圾堆放场的面积也在逐渐扩大。垃圾与人争地的现象已到了相当严重的地步，很多地方逐渐形成了"垃圾围城"的现象。

（3）社会安全问题

工程建设现场的建筑垃圾往往脏乱不堪，与城市形象极度不和谐。一旦遇到雨天，脏水污物四溢，散发阵阵恶臭，滋养大量细菌，对市区的环境卫生、市容市貌造成不良影响。

大多数城市建筑垃圾的堆放具有随意性，带来了很多安全隐患，危害城市公共安全。建筑垃圾的临时堆放场所由于缺乏应有的防护措施，时常会发生建筑垃圾堆垮塌，阻碍道路甚至冲向其他建筑物的现象。

1.2　工程渣土

1.2.1　工程渣土的定义、组成和分类

工程渣土包括工程弃土（槽土）和盾构渣土（简称盾构土），其中工程弃土指建筑工程、市政工程、道路工程、地铁工程、隧道工程、航道工程等地面及地

下工程在施工过程中产生的废弃土方，如建筑工程中的基坑开挖土方、地铁开挖过程中的土方、航道疏浚产生的疏浚泥等，如图 1.3 所示；盾构土是盾构施工过程中产生的一种特殊渣土，在隧道盾构机的施工过程中，为保护盾构刀具并减少磨损，软化掘进土体以及提高盾构机掘进质量，需添加泡沫剂、高分子聚合物和水，故盾构土富含表面活性剂（泡沫剂或发泡剂）及高分子聚合物，呈高流塑状，且不易失水干燥，属于一种特殊渣土。工程开挖量和回填量的不同必然会导致各种废弃土的产生。我国有的规范把工程渣土和工程泥浆也列入建筑垃圾的范畴。

图 1.3 基坑开挖产生的工程弃土

工程弃土按照土工性能分成两类，分别为工程产出土和工程垃圾土。工程产出土是指由工程所产生的具有良好土工性能的土方，满足条件时它可以直接作为土工材料进行使用。工程垃圾土是指由工程所产生的土工性能差、难以直接作为土工材料使用的土方和泥土。

1.2.2 工程渣土的现状和危害

1.2.2.1 工程渣土的现状

近年来，随着我国建筑业及轨道交通等工程的快速发展，地下空间的利用突飞猛进，工程开挖土方的产生量与日俱增，每年产生的渣土量在十几亿立方米以上，其中，地铁工程是基础设施建设中挖方量较大的工程项目。根据长沙市轨道公司提供的数据显示，长沙地铁轨道工程 1、2 号线的主要路段总渣土量约为 628 万 m^3，假设堆高 2m，这将侵占大概 4500 亩土地。沈阳市地铁 1 号线建设期间，仅第十五标段 1d 的出土量就达到 200 多立方米，而整个地铁 1 号线的每天挖土量可达 160 万 t，地铁工程土方由运土车运到开发区某处进行集中堆放，堆放区 1d 大约要接收 6000m^3 的地铁土。成都地铁 7 号线工程的废弃土石方，主要是在地下车站、区间隧道和车辆段、停车场工程的建设过程中产生，工程总挖方超过 1112 万 m^3。这些土方同在一个标准足球场上挖一个 1.6km 深的深坑所挖出的土量相当，这些土方如果用长 10m 载重 10t 的卡车装运，可装满 156 万辆卡车，车队可在 28.3km 长的成都二环路上绕 550 圈。

除了地铁土方，人工湖泊的挖方量也是巨大的。据成都锦城湖项目建设方之一的成都兴城建设管理有限公司项目负责人透露，仅锦城湖 4 个湖区之一的 2 号湖区的挖方量就达 70 多万立方米，这大概相当于修一栋高楼所需挖土方的 70 多倍。此外，成都天府新区兴隆湖的挖方量更为巨大，其中，兴隆湖三大工程之一的湖区生态工程需挖方约 495.24 万 m^3，水质改善工程则需挖方 734.53 万 m^3。这两大工程的挖方量就达 1229 万 m^3，已超过成都地铁 7 号线的总挖方量，而这些挖出的工程渣土如何消纳成为当地政府的难题。

1.2.2.2 工程渣土的危害

工程渣土作为城市建设与发展的必然产物，随着城市建设步伐的不断加快，大量建筑工地和地下工程的开工，其挖方量仍在持续上涨，由此带来的一系列社会和环境问题也日渐突出。

（1）占用土地

一般而言，城市的中心城区基本没有闲置的土地来进行渣土存放，因此，目前工程弃土运至远离城市的郊区进行回填。在我国，比较常见的是选择低洼地、荒地建造工程弃土场进行工程弃土的填埋。在填埋过程中，绝大部分工程弃土采用露天堆放，需要占用大量的用地，加剧了我国人多地少的矛盾，弃土的大量产生与土场接纳能力之间的矛盾日益突出。比如，深圳的弃土消纳问题就十分棘手。作为一个飞速发展的城市，深圳市每年产生约 3000 万 m^3 的废弃土方以及约 600 万 m^3 的建筑垃圾。而目前已建成的受纳场的剩余受纳量严重不足。如今，深圳市加强了与周边城市的区域合作，每年中山、东莞、珠海、惠州等市需要回填土方的工程将处理掉约 2000 万 m^3 工程弃土。长沙市也于 2015 年年底批准通过 9 个渣土消纳场，以满足每年 15% 速度增长的渣土量。

（2）存在安全隐患

由于人为操作的不规范，工程弃土的运输也存在着严重的安全隐患。交通法令规定，运输弃土的车辆白天在城市部分主干道禁止通行，因此，一般选择在深夜路上行人较少时工作，有些运输车司机为了加快进度超速行驶，易引发交通安全事故。

并且，工程弃土的大量堆积会造成更为严重的安全问题，一旦遇到暴雨天，极易引发弃土场滑坡。我国的水电、矿山和交通工程弃土场多次发生重大滑坡泥石流灾害。2015 年 12 月 20 日 11 时 40 分，深圳红坳弃土场滑坡造成 77 人遇难或失联、33 栋建筑物被掩埋或不同程度受损，西气东输管道爆炸，引起社会公众极大的恐慌。深圳红坳弃土场主要接纳建筑地基开挖、隧道工程出渣和建筑垃圾。整个滑坡区长约 1100m，其中弃土堆填区（弃土场）长约 310m，这场滑坡灾难是在软泥地基、承压浮托、堆载推挤和临空滑移等综合作用下孕育产生的"人造滑坡"。这次事件表明，对工程弃土场的安全、科学的管理至关重要，同时也表明弃土的大规模资源化利用迫在眉睫。

（3）污染环境

弃土偷倒、乱倒会对广大人民群众赖以生存的环境空间造成严重污染。违法分子常常在深夜将废弃土方偷倒在相对偏僻的公路上、人行道上、绿化带内。遇到下雨，路面和绿化带环境会变得更加脏乱不堪。弃土晒干后，扬起的尘土也会对空气质量造成严重影响；而盾构土中含有表面活性剂，难以晒干，流动性大，如果直接进行矿洞填埋或大量堆积，可能造成潜在地质危害。渣土车沿途遗撒，一直是北京等城市治理扬尘、改善市容环境卫生的"老大难"问题。为此，北京市发布了渣土车改造、更新的具体实施办法，并规定从 2014 年 7 月 1 日开始，所有北京市渣土运输车辆必须符合这一新的地方标准才能上路。长沙市也于 2015 年 8 月 1 日颁布实施《长沙市城市建筑垃圾运输处置管理规定》，所有运输企业和运输车辆都必须严格遵守此规定。

（4）影响市容市貌

工程渣土的运输和消纳影响了整洁、和谐的城市整体形象，如图 1.4 所示。部分处置单位违章将工程弃土倾倒在道路、绿化带等公共场所或其他未经审核同意处置消纳工程渣土的地方。有些运输方为了减少运输车次、降低成本，超载运输弃土，这种行为不仅违反了交通安全法规，还对城市基础设施造成严重损害，加速对道路的破坏。此外，车厢里的渣土散落在城市道路上，造成城市路面脏乱差，有损城市整体市容市貌。

图 1.4 工程渣土的运输

1.3 城市污泥

1.3.1 城市污泥的定义、组成和分类

城市污泥一般是指处理污水所产生的固态、半固态或者液态的废弃物，故又称为污泥。城市给水处理厂在生产符合生活饮用水水质标准的净化水的过程中，也产生了大量的废水、污水，如沉淀池或澄清池排泥水、滤池反冲洗水等。这部分排泥水占总净水量的 4%~7%，这些污水经过过滤池收集、浓缩池浓缩、自然干化或者机械脱水最终就形成了污泥。

污泥成分十分复杂，是由多种微生物形成的菌胶团与其吸附的有机物、无机物等所组成，其中含水量在 70%~97% 之间的固体或流体状物质是一种以有机成分为主、组成复杂的混合物，是由污水处理过程中截留下来的悬浮物、生物处理系统排出的生物污泥，以及由于投加药剂而形成的化学污泥组成。具体来说，污泥的组成成分包括混入生活污水或工业废水中的动植物残体、泥沙、纤维等固体颗粒，以及难以降解的有机物、盐类、重金属及病原微生物和寄生虫等。

污泥的主要特点是含水率高（最高可达99%以上），有机物含量较高，极易腐化发臭，且颗粒细、比重小，总体呈现胶体液状。

污泥的分类方法有很多。按污泥的性质，可分为有机污泥及沉渣；按污水的处理方法可以分为：①初沉污泥，②活性污泥，③腐殖污泥，④化学污泥；依据污泥的不同产生阶段可分为：①生污泥，②脱水干化污泥，③消化污泥，④浓缩污泥，⑤干燥污泥。

1.3.2　城市污泥的现状和危害

1.3.2.1　城市污泥的现状

随着我国城镇化的快速发展，城市污水处理厂的数量和规模也在不断增加。"十一五"期间城镇污水处理规模年均增长率超过30%，我国城镇污水处理厂数量年均增长率达8%。2004—2010年间，我国污水处理厂总处理量的年平均增长量超过27亿 m^3。2011年我国已建污水处理厂突破3000座。"十二五"期间年均增长率约15%，到2015年我国城镇污水处理厂共有6910座，污水处理能力达1.87亿 t/d，城市污水处理率约92%，市场已相对饱和。根据《"十三五"全国城镇污水处理及再生利用设施建设规划》，"十三五"期间城镇污水处理规模年均增长率预计约4%，将新增城市和县城污水处理能力3927万 m^3/d，污水管网9.54万 km，涉及新建投资超过3000亿元。随之而来，污泥量也呈几何级数增长，我国是全球污泥产生量最大的国家，全国每年给水厂废水污泥排放量约为15亿 m^3。目前城市污泥产生量为3500万～4000万 t（80%含水率）/年。随着城市污水处理厂的增多和污水处理水平的提高，污泥排放量还将不断上升，污泥处理处置也日益成为一大难题。图1.5为城市污水处理厂，图1.6为处理后的脱水污泥。

图1.5　城市污水处理厂

图1.6　处理后的脱水污泥

1.3.2.2　城市污泥的危害

由于污泥中含有各种各样的细菌、病菌和寄生物，释放大量恶臭气体的同时非常容易腐化，会对城镇的环境状况造成不利影响，比如导致城镇污水的水体富营养化等。

污泥中还浓缩了锌（Zn）、铜（Cu）、铅（Pb）、铬（Cr）等重金属化合物以及有毒的有机化合物等，如果处置不当，会导致严重的水污染问题。首先，污泥所含的水，除了一部分自然蒸发到空气中外，大部分将往下渗入地表土层，并在雨水的冲刷下进入地表水系统或地下水系统；并且，污泥中的有毒物质将伴随地表水系统或地下水系统的运转扩散，造成更为严重的二次污染。其次，未经过卫生消毒的污泥进入农田会造成土壤、农作物的重金属等污染，再通过食物链进入人体后，可能对人类的健康造成更直接的威胁。

1.4　废旧沥青

1.4.1　废旧沥青的定义、组成和分类

废旧沥青（图1.7）指的是处理沥青所产生的废弃物。沥青路面占公路路面的70%～80%，是在柔性基层、半刚性基层上，铺筑一定厚度的沥青混合料作面层的路面结构。这种路面与砂石路面相比，其强度和稳定性都大大提高。与水泥混凝土路面相比，沥青路面表面平整无接缝，行车振动小，噪声低，开放交通快，养护简便，适宜于路面分期修建，是我国路面的重要结构形式。作为沥青路面面层的沥青混凝土由碎石、砂、石粉和沥青组成。沥青路面在长期行车荷载作用以及水温作用下，会发生沥青混合料和沥青的老化。随着使用年限的增长，沥青混合料中的轻质部分逐渐散失，旧沥青老化，出现油分减少、沥青质和胶质增加，老化现象越来越明显，粘结力和强度也会逐渐下降，最终导致沥青混凝土路面出现车辙、裂缝、坑槽等病害，当路面性能下降到一定程度，不能满足汽车正常行驶的要求时，就需要对路面进行翻修或改建。在沥青路面的维修、翻修和改建过程中会产生大量的废旧材料，其中废旧沥青混合料包含碎石、砂和3%～4%的老化沥青。

废旧沥青按照再生沥青拌和温度及场地分类可分为：厂拌热沥青、就地热沥青、厂拌冷沥青和就地冷沥青。

图 1.7　废旧沥青

1.4.2　废旧沥青的现状和危害

1.4.2.1　废旧沥青的现状

21 世纪以来，我国进入高速公路飞速发展时期，截至 2018 年年底，全国公路总里程达到 484.65 万 km，其中，高速公路达到 14.26 万 km，里程规模居世界第一位；一级公路达 11.15 万 km，二级公路达 39.37 万 km。根据我国公路水路交通相关数据，到 2020 年，我国高速公路总里程已达到 15 万 km。目前我国高等级路面广泛采用半刚性基层沥青路面，在长期使用后，需要对沥青路面进行大面积的维修，有的时候甚至可能会对沥青的全段路面进行重新的梳理和修整，因此会产生数以万吨计的废旧沥青路面材料。在拆迁建筑物的过程中也会产生大量的废旧屋面材料，有资料表示，屋面废料中大约有 36% 的沥青。

我国对废旧沥青的处置大多是进行露天堆放、填埋或焚烧。废旧沥青混凝土所含沥青大都是碳氢化合物，其化学性能短时间内难以降解，如果废料处理不当，会释放有毒物质，容易引起周边环境的恶化并对土质造成影响，并对人体及环境造成危害。

1.4.2.2　废旧沥青的危害

（1）威胁健康

在温度和空气中氧的作用下，沥青中的芳烃、胶质和沥青质发生部分氧化脱氢生成水，余下的重油组分的活性基团互相聚合或缩合成更高分子量物质，其结果表现为饱和烃、芳烃和胶质减少而沥青质相对增多，因此废旧沥青的毒性及挥发、燃烧产物与新沥青没有太大区别。

若将废旧沥青长期堆放，在较高的温度下沥青中的某些有机物会分解，释放如多环芳烃等有毒致癌气体，严重影响人与动物生长发育。堆积的废旧沥青经雨水的浸渍和自身的分解，有害元素会溶入地表水和地下水，造成区域性地表水和地下水污染，进而危害人体健康和动植物生长。

（2）污染环境

废旧沥青不能长期堆放的另一个原因是沥青中的细粒在风的吹动下会引起严重的大气粉尘污染，同时废旧沥青会造成区域性地表水和地下水污染，对环境安全构成严重威胁。

如果没有恰当防渗措施就对废旧沥青进行填埋，有害成分很容易经过风化雨淋及地表径流的侵蚀渗入土壤。有害成分渗入土壤后，会杀灭土壤中的微生物，破坏土壤中微生物构成的生态系统，使土壤丧失腐解能力。如果土壤受到的污染难以恢复，该片土壤将会成为不毛之地。

通过焚烧处置废旧沥青也会引起严重的环境污染。由于沥青中含有大量的有毒致癌物质，高温下这些致癌物会进入大气循环系统，使得污染范围呈几何倍数增长。

1.5 本章小结

本章介绍了建筑垃圾（这里指工程垃圾和拆除垃圾）、工程渣土、城市污泥和废旧沥青这四大城市废弃物的基本定义、主要组成、主要分类、产生原因、现状以及危害等。随着我国国民经济的增长、城市化进程的不断推进，这四大城市废弃物也显著增加。目前，相当一部分固体废弃物甚至没有经过分类处理就被统一采用露天堆放或填埋，不仅浪费土地资源、污染环境，还会导致巨大的能源和资源浪费问题及安全问题，严重影响了社会经济和生态环境的协调发展，阻碍了城市化进程的发展。

对城市废弃物进行资源化利用是消化城市废弃物的有效途径，不仅可以减轻城市固废压力，改善环境，也使废弃物"变废为宝"，促进循环经济发展。加快城市废弃物资源化利用，可以大大减少废弃物处置不当或再生技术不先进而引发的环境污染或二次污染问题，降低对原生矿产资源开发的需求，缓解资源短缺问题，对实现节能减排，建设资源节约型、环境友好型社会目标具有重要战略意义和实际可操作性。此外，通过扩大废弃物处理产业链，可以为人们提供更多的就业岗位，从而分担社会压力。城市废弃物再生产品又可以带来巨大的经济效益，真正实现社会效益、经济效益和生态效益的统一。

第2章 建筑垃圾的资源化利用

2.1 建筑垃圾的资源化利用现状

建筑垃圾（这里指工程垃圾和拆除垃圾）中，无机物材料（包括废弃混凝土、块石、碎砖瓦等）约占90%以上，而且无机材料一般耐酸碱腐蚀性优良，物理性质和化学性质都相对较为稳定，如果经过适当的处理，建筑垃圾完全有条件变成很好的再生建筑材料。可见，建筑垃圾并不全是一无是处的"垃圾"，而是具有巨大再生利用潜力的宝贵资源。

建筑垃圾资源化利用是指以建筑垃圾作为主要原材料，通过技术加工处理制成具有使用价值、达到相关质量标准，经相关行政管理部门认可的再生建材产品及其他可利用产品。建筑垃圾资源化利用包括收集运输、加工处置和综合利用三个步骤。

根据中华研普行业调研报告，2015年至2020年建筑垃圾产量逐年增长。目前，拆除垃圾和工程垃圾一年的产量约为15亿t，但全国建筑垃圾资源化利用率仅为5%左右。

2.1.1 建筑垃圾产量现状

根据中国工程院的研究报告显示，1990年至2000年建筑垃圾每年递增15.4%，2000年至2013年每年递增16.2%，建筑垃圾产量、存量、增量惊人。如今，建筑垃圾已占城市垃圾的70%以上，解决建筑垃圾出路迫在眉睫。

（1）拆除产生的建筑垃圾

拆除产生的建筑垃圾产生量主要是与结构类型、建筑物用途、建筑面积、楼层高度、建筑物所处的地理位置等有关，约占建筑垃圾总量的60%。此外，建筑物的装修如外墙粉刷情况、建筑材料的选择、拆除方式等因素也都影响拆除建筑垃圾的产生量。据《拆毁建筑废弃物产生量的估算方法探讨》中所建议方法，建筑物拆除时每 $1m^2$ 的拆毁建筑物产生建筑垃圾为 906.7～1335.5kg，保守取值为 $1.0t/m^2$。据有关数据显示，2017—2018年期间，北京市拆除违章建筑接近

1 亿m³，仅大兴一个区就产生建筑垃圾 5196 万 t。据长沙市 2018 年政府工作报告，长沙市主城区累积拆除违法建筑 73 万 m²。拆除建筑主要为砖木结构及砌体结构，按照 1t/m² 建筑垃圾量计算，初步估计长沙市产生拆违建筑垃圾 73 万吨，其中废混凝土和废砖约占 90% 以上。

（2）建筑施工产生的建筑垃圾

建筑施工产生的建筑垃圾产生量，约占建筑垃圾总量的 40%，主要与建筑结构设计和施工设计控制有关，可按照施工垃圾产量 = 新增建筑面积 × 400t/（10⁴m²）进行预测。以长沙市为例，2018 年长沙市商品房新开工建筑面积 2931.94 万 m²，由于新施工建筑一般多为框架结构及框架剪力墙结构，按照每平方米新建建筑产生 80kg 建筑垃圾计算，2018 年的新建建筑产生建筑垃圾为 2350 万 t，其中碎砖、砂浆及混凝土约占 60%。

2.1.2 资源化利用现状和存在问题

目前我国建筑垃圾资源化利用率不足 5%，与发达国家平均 80% 以上的利用率存在较大差距。

目前我国建筑垃圾资源化利用存在两个方面的问题：

（1）我国建筑垃圾资源化利用率偏低，建筑垃圾的处置处于简单和无序化状态。主要是部分城市缺乏长远规划，建设中的设计、施工与拆除行为仍采用传统的粗放型生产方式，直接造成大量建筑垃圾的产生。再有就是未对产生的建筑垃圾实施分类、回收和消纳管理，建筑垃圾被随意处置或简单填埋。

（2）建筑垃圾的回收和资源化利用在市场条件下难以自发形成产业链，有处置能力的建筑垃圾再生企业却因缺乏建筑垃圾原材料，面临着无材料来源的生存窘境。我国政府和法律并未规定建筑垃圾生产者具有强制回收或处理建筑垃圾的义务，因此生产者往往将建筑垃圾填埋或倾倒，使得建筑垃圾处理企业缺乏生产原材料，导致较多建筑垃圾回收企业处于停产或者亏损状态，制约了建筑垃圾资源化利用的发展。

建筑垃圾的资源化利用之所以步履维艰，既受经济的影响，又受技术条件的制约，而制约我国建筑垃圾资源化利用管理的最大瓶颈在于我国相关法律、法规以及制度的缺失和不足。一方面，建筑垃圾的资源化管理是一个系统工程，涉及产生、运输、处理和再利用的各个层面，既需要积极的企业行为和市场运作，又需要政府部门管理的协调统一，同时，法律制度的保障也必不可少，所以其相关立法工作势在必行。另一方面，我国建筑垃圾资源化利用管理体制尚不健全。目前，我国对建筑垃圾的管理实行的是分级管理与分部门管理相结合的模式，然而这样的分工存在主管部门不明确、联动协调机制不完善、易造成职能错位等问题，不利于建筑垃圾资源化管理和实施。

2.2　建筑垃圾的资源化利用

2.2.1　建筑垃圾资源化利用处理的一般规定

建筑垃圾资源化可以采用就地利用、分散处理、集中处理等模式，宜优先就地利用。将建筑垃圾在产生现场直接进行再生处理，并将再生产品直接回用于工程建设，此为就地利用；将建筑垃圾在产生现场就近再生处理，产生的再生骨料或其他中间产品作为原料运至其他施工现场、建材生产企业或建筑垃圾集中处置企业，此为分散处理；建筑垃圾或分散处理的中间产品运至建筑垃圾处置企业集中再生处理，产生的再生骨料或其他产品由处置企业直接用于再生建材产品生产或外销，此为集中处理。建筑垃圾就地资源化利用，一方面，减少建筑垃圾及再生产品运输的道路负荷和成本；另一方面，建筑垃圾再生产品直接回用于产生建筑垃圾的项目建设，有更高的接受度。

建筑垃圾资源化主要是再生利用建筑垃圾中的废旧混凝土和废砖瓦。废旧混凝土和废砖瓦等宜作为再生建材用原材料。建筑垃圾资源化的产品主要分为四大类：再生骨料，再生混凝土和砂浆，再生无机混合料，再生混凝土制品。

基于建筑垃圾大小方便运输和破碎设备的进料规格要求，《建筑垃圾处理技术标准》（CJJ/T 134—2019）规定进入固定式资源化厂的废旧混凝土和废砖瓦的物料粒径小于 1m，大于 1m 宜预先破碎。处置基地应根据处理规模配备原料和产品堆场，原料堆场储存的时间不宜小于 30d，产品堆场储存时间不应小于各类产品的最低养护期，骨料堆场不宜小于 15d。建筑垃圾原料储存堆场应保证堆体的安全稳定性，并对应采取防尘措施，可根据后续工艺进行预湿；对建筑垃圾卸料、上料及处理过程中易产生扬尘等采取抑尘、降尘和除尘措施。资源化利用应选用节能、高效的设备。进入处置基地的资源化利用率不应低于 95%，在现有的技术条件下，这一要求是可以通过科学的工艺设计和设备选型实现的。

2.2.2　废旧混凝土和废砖瓦的再生处理

再生处理前应对建筑垃圾进行预处理，可包括分类、预湿及大块物料简单破碎。再生处理系统应主要包括破碎、筛分、分选等工艺，具体工艺路线应根据建筑垃圾特点和再生产品性能要求确定。再生处理系统的破碎设备应具备可调节破碎出料尺寸功能，可多种破碎设备组合运用。破碎工艺宜设置检修平台或智能控制系统。再生处理系统的分选宜以机械分选为主、人工分选为辅。

再生处理工厂应合理布置生产线，减少物料传输距离。应合理利用地势势能和传输带提升动能，设计生产线工艺高程。建筑垃圾再生处理要基于原料特点、再生产品市场需求来设计工艺环节，建筑垃圾成分不同、复杂程度不同、再生产品种类不同、出路不同，处理工艺也不同，总体来看可分为固定式和移动式。固定式因场地、水和电等工业条件相对完备，破碎、筛分可以多级，分选可以多种方式、多点联合进行，可以设置完备除尘设施，环境污染低，因此对建筑垃圾的适用性较强，且再生骨料品质总体较好，但相对占地面积大、总投资高、审批时间长、建设周期长，要求垃圾原料能持续地供应和再生产品有稳定的市场。移动式因其移动方便，占地面积小，对场地的适应能力好，项目上马快，虽然设备价格高，但总投资成本低、设备利用价值高，可减小运输成本及运输带来的污染，能适应各类再生产品要求。

再生处理工艺应包括给料、除土、破碎、筛分、分选、粉磨、输送、储存、除尘、降噪、废水处理等工序，各工序配置宜根据原料与产品确定。

（1）给料系统

给料系统的工艺流程中设置预筛分环节的，建筑垃圾原料应给至预筛分设备。针对含细颗粒较多的建筑垃圾，可设置预筛分，除土的同时筛分出细颗粒，提高后续破碎、筛分的效率，此时供料至预筛分设备。工艺流程中未设置预筛分环节的，建筑垃圾原料应给至一级破碎设备。给料应结合除土工艺进行，宜采用棒条式振动给料方式。棒条筛一般用于粗碎和中碎之前，实现建筑垃圾的均匀给料及渣土预筛分。给料机应保证机械刚度和间隙可调。给料口规格尺寸和给料速度应保证后续生产的连续稳定并与设计能力相匹配。

（2）除土系统

除土系统的工艺流程中设置预筛分环节的，除土应结合预筛分进行。除土是建筑垃圾再生处理的重要环节，是再生骨料品质的重要保证，因此结合再生处理的第一个环节预筛分和一级破碎进行。建筑垃圾自然储存，有一定含水率，另外为降低生产过程中的粉尘排放，可能进行的预湿会进一步提高建筑垃圾中的水分含量，因此土在建筑垃圾中以细颗粒或黏附在废砖瓦、混凝土等的表面，选用重型筛可更高效地将其分离。同时预筛分还可将部分符合产品规格要求的细颗粒筛出，避免其进入后续破碎过程，增加筛分、分选等环节的负荷，降低生产效率。

工艺流程中未设置预筛分环节的，除土应结合一级破碎给料进行。筛网孔径应根据除土需要和产品规格设计进行选择。

（3）破碎系统

破碎系统应根据产品需求选择一级、二级或以上破碎。若后续产品如混凝土及其制品、砂浆对再生骨料的颗粒级配、粒形有较高要求，需选择二级或以上破碎；若后续产品为道路用无机混合料，可选择一级破碎。一级破碎可根据原料特点，如废旧混凝土类较硬物料为主，可采用颚式破碎机，否则可采用反击式破碎机；二级破碎需兼顾级配和粒形可采用反击式破碎机或锤式破碎机。物料破碎是将大颗粒变为小颗粒，不仅是产生粉尘的重点环节，也是再生处理过程中噪声的主要来源，因此应采取防尘和降噪措施。

移动式破碎机也称为移动式破碎站，是一种移动性强，可自由行走的破碎设备，可分为轮胎式移动筛分机和履带式移动筛分机。它主要用于冶金、化工、建材、水电等经常需要搬迁作业的物料加工，特别是用于高速公路、铁路、水电工程等流动性石料的作业，用户可根据加工原料的种类、规模和成品物料要求的不同采用多种配置形式。其工艺流程为：经预筛分后的物料输送至移动破碎设备的料仓内，通过设备上配备的给料机和预筛分机将原料输送至破碎机内进行破碎，破碎后的物料通过设备上配备的主输送皮带机输送至回料筛分单元，大于筛网规格的物料由回料皮带机输送至料仓内进入破碎机继续破碎，小于筛网规格的产品由筛下皮带机输送至下一级筛分工艺。

移动破碎站的优点主要有：

①一体化整套机组，消除了分体组件的繁杂场地基础设施及辅助设施安装作业，降低了物料、工时消耗。机组合理紧凑的空间布局，更大限度地优化了设施配置在场地驻扎的空间。使设施布局简捷紧凑，拓展了物料堆垛、转运的空间。

②机动性灵活，便于在普通公路上行驶，更便于在破碎场区崎岖恶劣的道路环境中行驶。为快捷地进驻工地节省了时间。更有利于进驻施工合理区域，为整体破碎流程提供更加灵活的作业空间。

③降低物料运输费用，移动破碎站本着物料"接近处理"的原则，能够对物料进行现场破碎，免除了物料运离现场再破碎、处理的中间环节，极大地降低了物料的运输费用。

④作业作用直接有效，一体化移动破碎站可以独立使用，也可以针对流程中的物料类型、产品要求，提供更加灵活的工艺方案配置，使成本更大化的降低。

现在建筑行业常用的移动破碎机有反击式及颚式破碎机。其中，反击式破碎机（图 2.1）具备如下优点：①可选多种动力驱动，灵活性和机动性强，工作时无须支撑腿或固定基础；②高效稳定，无须安装调试，30 分钟内即可进行生产；③安装液压负载传感泵，燃油利用率提升 25%；④破碎比可达 1∶15 甚至更高，破碎后的物料级配均匀，产品粒形好。颚式破碎机（图 2.2）具有如下优点：①排料口的大小可以进行液压调节，在工作过程中也可调节；②防停止系统可以确保设备连续运转不停机；③专利设计，破碎仓底部可以进行液压调节倾斜角度，留有足够空间，便于维护及运输；④破碎比可达 1∶4 甚至更高。

图 2.1　反击式移动破碎机

图 2.2　颚式移动破碎机

（4）筛分系统

筛分系统宜采用振动筛。振动筛主要用于建筑垃圾粗、中、细粒的筛分。振动筛效率高，质量轻，系列完整多样，层次多，可以满足再生骨料筛分量大、规格多的要求。筛网孔径与产品规格设计适应可保证对再生骨料颗粒尺寸的要求。振动筛分中，物料会发生运动，颗粒内部碰撞和颗粒与筛网的碰撞会发出噪声，其中较轻的粉体颗粒容易飞出，因此筛分设备需采取防尘和降噪措施。

筛分技术是建筑垃圾处理过程中渣土预筛选、控制破碎粒径和对再生骨料分级的重要技术环节。

移动筛分设备（图 2.3）可筛选出几种不同规格的骨料，提供更加精细的混合料筛分效果，可以满足爬坡作业，常与履带式移动破碎站或轮胎式移动破碎站配合使用。其工艺流程为：破碎后的物料输送至移动筛分设备的料仓内，经给料机输送至振动筛分机上进行筛分处理，可将物料筛分为四种产品规格，分别为 0 ~ 5mm，5 ~ 10mm，10 ~ 20mm，20 ~ 31.5mm。如有不同需求，可通过改变筛网尺寸来控制产品粒度。

图 2.3　移动筛分机

（5）分选系统

分选系统应根据处理对象的特点和产品性能的要求来合理选择。建筑垃圾分选除杂是实现其资源化的重要一环，通过分选将有用的物质充分选择出来加以利用，并将有害的物质充分分离出来。分选是为了除去再生骨料中的杂物，保证再生骨料的品质。分选的基本原理是利用物料的物理性质或化学性质上的差异，将其分开。

常见的分选除杂手段有人工拣选、磁力分选、重力分选、水力浮选等。

人工拣选：一般作为建筑垃圾处理过程中的初级分类手段，是指依靠人工肉眼分辨进行挑选机械方法无法分类或去除的大块杂物的初级分类手段，可降低设备分选的压力。

磁力分选：建筑垃圾中的磁性物几乎全部为混凝土建筑结构中的钢筋。建筑物拆除后裸露的废钢筋，较大体积的钢板、钢梁、地脚螺栓等可经气割处理后再进行人工分拣,包裹夹杂在混凝土块中的废钢筋则需要经过破碎处理后,再通过磁选的方法实现分选。建筑垃圾磁选工艺一般安排在各级破碎工序之后,其中跨带式磁选机与永磁滚筒磁选机为磁选工艺中最为常见的设备。

重力分选:风力分选是重力分选的一种常用方法,其以空气为分选介质,在气流作用下使固体废物按表观密度和粒度大小进行分选。建筑垃圾中混杂有一定量的轻质有机杂质,如塑料、纸张、织物等,可通过风选方式去除。

水力浮选:为实现泡沫混凝土等轻型墙体材料的去除以及废塑料、废木材、废织物等轻质杂物的深度分离,同时,清洗骨料表面,可选用水力浮选作为分选除杂工序的最终深度处理环节,以确保再生骨料产品满足后续建材产品等高附加值应用。

建筑垃圾成分复杂,为提高分选效率,降低劳动强度,提升生产线自动化水平,工艺上以机械分选为主、人工分选为辅。对建筑垃圾中主要的铁质废金属应由磁选装置分出;基于木材、塑料、纸片等质轻的特点,可以采用风力或水的浮力进行分离;人工分选主要是将不易破碎的大块轻质物料及易挑出的少量废金属选出。为提高选出率,磁选和轻物质分选可多处设置。轻物质对再生产品性能影响较大,应最大限度地防止将轻物质带入再生产品中。所以宜设置人工分选平台,将不易破碎的大块轻质物料及少量金属选出,人工分选平台宜设置在预筛分或一级破碎后的物料传送阶段。轻物质分选率不应低于95%。轻物质分选率指建筑垃圾经过破碎分选工艺,被分选出来的轻物质占建筑垃圾中轻物质总量的百分比。为便于杂物的后续处理,同时提高生产区域的有序管理水平,分选出的杂物要求集中收集、分类堆放。

（6）粉磨系统

粉磨系统应采取防尘降噪措施。粉磨系统一改以往建筑垃圾处理设备粗破粗碎的理念,通过自身的特有装置,将建筑垃圾快速加工至更细的粒度,使建筑垃圾的应用领域得到进一步提升,处理后的建筑垃圾不仅可以重新作为建筑骨料,还能用来加工被政府部门大力提倡的绿色再生建材产品再生砖。将细颗粒磨成粉体的工艺环节是大量产生粉尘、噪声的过程,因此要防尘降噪。粉磨过程耗能很大,采用适当的助磨剂可以降低粉磨阻力和阻止微粒聚集,减少物料在磨内停留时间,提高磨机产量,降低电耗。

（7）输送系统

输送系统宜采用皮带输送设备,皮带输送设备结构简单、维护方便、输送能力范围宽、输送线路的适应性强、装卸料灵活、安全性高、可靠性好,是适于散粒材料输送的主要设备。皮带跑偏、凹段悬空、转载点都可能带来漏料，皮带在运转过程中的振动和摩擦，且上下投料等都会导致粉尘的产生，因此皮带送料过程要防止漏料和扬尘。物料性质、作业条件、胶带类型、带速及控制方式不同，会导致物料安息角不同、物料与皮带间的摩擦力不同，因此皮带最大倾角也不同。基于混凝土类、砖混类粒料的特点，非大倾角式皮带输送机的最大倾角要求上行不大于 17°，下行不大于 12°；大倾角式皮带输送机的波状挡边、横隔板和基带形成了输送物料的"闸"形容器，波状挡边起曳引和承载作用，从而实现大倾角输送。

（8）储存系统

再生骨料堆场布置应与筛分环节相协调，堆场大小应与储存量相匹配。由筛分环节筛选出的符合级配要求的骨料直接进入堆场，因此堆场布置要与筛分环节相协调，其大小要与储存量相匹配。为避免混料，影响后续适用，产品需按类别、规格不同分别存放。为尽可能降低扬尘，再生粉体需封闭储存。

（9）防尘系统

有条件的企业宜采用湿法工艺防尘，易产生扬尘的重点工序应采用高效抑尘收尘设施，物料落地处应采取有效抑尘措施。

湿法工艺保证物料在生产过程中一直处于潮湿状态，而潮湿状态的物料在破碎、筛分、传输过程中产生粉尘极少，防尘效果好，但湿法生产需要大量的水，因此在水资源丰富的区域可以采用湿法生产。破碎、筛分、粉磨等重点产生粉尘、扬尘的工序，在抑制粉尘的同时收尘才能满足除尘的要求，而上料、下料空间难以封闭，无法有效收尘，因此重点在于抑制粉尘。除尘效果与风速、风量、吸尘罩及空气管路系统密切相关。建筑垃圾再生处理排放的粉尘量大，加强排风，风量、吸尘罩及空气管路系统的设计须低阻、大流量，才能达到降尘的要求。集中除尘设施是高效收尘的保证，由于粉尘量大，单一的除尘方式难以满足收尘的要求。袋式除尘结构简单、维修方便、处理空气量大，并可处理粉尘浓度高的气体，但运行阻力大，容易造成布袋堵塞，导致使用寿命缩短，因此对吸风机功率要求较大，能耗高，更换滤袋导致使用成本提高。将电除尘器与布袋除尘器结合起来能有效解决其局限性，除尘效率高且稳定，与纯布袋除尘器相比，在运行过程中运行阻力低，由于前方有静电除尘，大部分烟尘在到达布袋除尘器以前已被清除，滤袋负荷低，压力损失小，使滤袋阻力变小，因而可以选择较高的过滤风速，滤袋除尘区中，滤袋数量少，减少了布袋收尘部分的成本，并延长了滤袋的使用寿命，降低运维费用。

（10）噪声控制系统

应优先选用噪声值低的建筑垃圾处理设备，同时应在设备处设置隔声设施，设施内宜采用多孔吸声材料。封闭车间宜采用少窗结构，所用门窗宜选用双层或多层隔声门窗，内壁表面宜装饰吸声材料。应合理设置绿化和围墙。噪声控制一方面要降低源头噪声强度，另一方面才是降噪。降噪可以采用的隔声或吸声措施有多种，设备、车间采用隔声、吸声材料进行封闭，破碎设备下沉式设计都是控制工作场所噪声的主要措施。合理设置绿化和围墙、合理布局建筑物是控制厂界噪声的主要措施，绿化景观也可隔声降噪，树种可选择滞尘、耐旱、耐涝、耐潮湿、易生长、易成活的树种。高噪声源应在厂区中央尽量远离敏感点。噪声控制指标参照现行国家标准《工业企业噪声控制设计规范》（GB/T 50087—2013）的相关规定。

（11）废水循环系统

当采用湿法工艺或水选工艺时，应采用沉淀池来处理污水，生产废水应循环利用。生产废水循环利用可以减少废水外排污染环境、节省处理费用以及节约用水。

2.3 建筑垃圾的资源化再生产品

建筑垃圾的资源化再生产品主要有：①再生骨料，分为再生粗骨料与再生细骨料；②再生骨料砂浆；③再生骨料混凝土；④再生混凝土制品；⑤再生混凝土墙板；⑥再生骨料无机混合料；⑦再生微粉。

2.3.1 再生骨料

建筑垃圾资源化利用成套设备对建筑垃圾进行破碎、筛分、轻物质处理、抑尘等工序处理后，可以生产出再生骨料（图2.4）。早在1977年，日本就相继在国内各地建立以处理混凝土废弃物为主的再生加工厂，主要生产再生骨料。而我国也早在1990年就在上海市中心的两项工程中应用再生骨料作为抹灰砂浆和砌筑砂浆的原材料。

再生骨料按照粒径的大小可分成两类：再生粗骨料和再生细骨料。再生粗骨料是指由建（构）筑废物中的混凝土、砂浆、石砖瓦等加工而成的，用于配制混凝土、粒径大于 4.75mm 的颗粒；再生细骨料则是指粒径小于 4.75mm 的颗粒。

再生粗骨料按粒径尺寸分为连续粒级和单粒级。连续粒级分为 5～16mm、

图 2.4 再生骨料

5～20mm、5～25mm 和 5～31.5mm 四种规格，单粒级分为 5～10mm、10～20mm 和 16～31.5mm 三种规格，具体要求见表 2.1；再生细骨料按细度模数分为粗、中、细三种规格，其细度模数 M_x 分别为粗（$M_x = 3.7～3.1$）、中（$M_x = 3.0～2.3$）、细（$M_x = 2.2～1.6$），其颗粒级配应符合表 2.2 的要求。

表 2.1 再生粗骨料颗粒级配

公称粒径 (mm)		累计筛余（%）							
		方孔筛筛孔边长（mm）							
		2.36	4.75	9.50	16.0	19.0	26.5	31.5	37.5
连续粒级	5～16	95～100	85～100	30～60	0～10	0	—	—	—
	5～20	95～100	90～100	40～80	—	0～10	0	—	—
	5～25	95～100	90～100	—	30～70	—	0～5	0	—
	5～31.5	95～10	—	—	—	—	—	—	0
单粒级	5～10	95～100	80～100	0～15	0	—	—	—	—
	10～20	—	95～100	85～100	—	0～15	0	—	—
	16～31.5	—	95～100	—	85～100	—	—	0～10	0

表 2.2 再生细骨料颗粒级配

方筛孔	累计筛余（%）		
	1 级配区	2 级配区	3 级配区
9.50mm	0	0	0
4.75mm	10～0	10～0	10～0
2.36mm	35～5	25～0	15～0
1.18mm	65～35	50～10	25～0
600μm	85～71	70～41	40～16

续表

方筛孔	累计筛余（%）		
	1 级配区	2 级配区	3 级配区
300μm	95～80	92～70	85～55
150μm	100～85	100～80	100～75

注：再生细骨料的实际颗粒级配与表中所列数字相比，除 4.75mm 和 600μm 筛档外，可以略有超出，但是超出总量应小于 5%。

再生骨料可替代天然砂石或机制砂，既可用于城市道路基层和底基层，又可用于生产再生混凝土、再生砂浆、再生砖和砌块等建材产品。再生骨料的优点是生产的产品表观密度轻，透水、透气性能好。再生骨料混凝土和砂浆用再生细骨料应符合现行国家标准《混凝土和砂浆用再生细骨料》（GB/T 25176—2010）的有关规定；混凝土用再生粗骨料应符合现行国家标准《混凝土用再生粗骨料》（GB/T 25177—2010）的有关规定。

在生产条件允许的情况下，应尽可能制备、采用品质更优的再生粗骨料，以保证后续制备产品的质量。特别是在大量或全部采用再生粗骨料替代常规粗骨料生产的情况下。当制备再生粗骨料的建筑垃圾来源于受环境侵害建（构）筑物时，应重视对其硫化物及硫酸盐含量、氯化物含量和碱活性的检验。对再生粗骨料粒形和级配有一定要求时，特别是在针片状颗粒、坚固性等指标明显较差时，可通过颗粒整形工艺技术加以改善，以满足实际使用要求。

全世界每年生产混凝土约 330 亿 t，是工程建设领域最大宗的材料之一。预计在未来的 3～5 年内，混凝土每年的产销量将保持 2.5% 的增速。我国作为全世界工程建设量居首的国家，混凝土的生产应用量也位居全世界前列。作为混凝土中占比最大的原材料，砂石骨料的消耗量也是庞大的。随着我国环境、资源日益紧张以及快速增长的基础设施建设，我国将面临严重的砂石骨料短缺，如何利用再生骨料替代我国工程建设用的天然砂石骨料，来解决天然砂石骨料短缺的问题已迫在眉睫。

再生骨料普通混凝土指部分或全部采用再生骨料作为骨料配制的干表观密度为 2000～2400kg/m³ 的混凝土。这是再生骨料混凝土最主要的生产应用形式。

再生骨料普通混凝土用再生骨料应符合下列规定：Ⅰ类再生粗骨料可用于配制各种强度等级的混凝土；Ⅱ类再生粗骨料宜用于配制 C40 及以下强度等级的混凝土；Ⅲ类再生粗骨料可用于配制 C25 及以下强度等级的混凝土，但不宜用于配制有抗冻性要求的混凝土；Ⅰ类再生细骨料可用于配制 C40 及以下强度等级的混凝土；Ⅱ类再生细骨料宜用于配制 C25 及以下强度等级的混凝土；Ⅲ类再生细骨料不宜用于配制结构混凝土。

再生骨料普通混凝土所用的其他原材料应符合相应标准规范的规定。再生骨料普通混凝土的耐久性设计应符合现行国家标准《混凝土结构设计规范》（GB 50010—2010）和《混凝土结构耐久性设计规范》（GB/T 50476—2019）的相关规定。再生骨料生产工艺流程如图 2.5 所示。

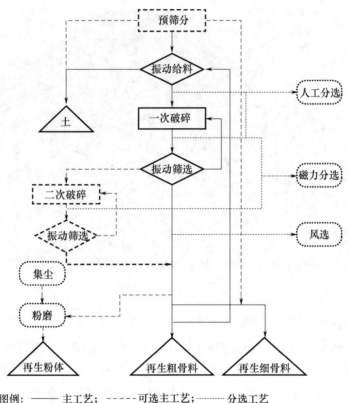

图例：——— 主工艺；----- 可选主工艺；········· 分选工艺

图 2.5　再生骨料生产工艺流程

2.3.2　再生骨料砂浆

预拌砂浆是指由水泥、砂以及所需的外加剂和掺合料等成分，按一定比例，经集中计量拌制后，通过专用设备运输、使用的拌合物。预拌砂浆包括预拌干混砂浆和预拌湿砂浆，国家推广使用散装预拌干混砂浆。

再生预拌砂浆（图 2.6）以建筑垃圾再生细骨料代替传统的河沙或机制砂，与传统的预拌砂浆相比，因再生细骨料含有大量泥土、杂草等杂质，会影响胶凝材料与再生细骨料之间的界面粘结强度。但同时，通过工艺整形技术对再生细骨料进行处理，减少细骨料的棱角，不仅可以减少砂浆需水量，降低水灰比，利于其强度的发挥，而且可以利用其形态效应，提高砂浆的稠度，使水泥浆体充分包裹再生细骨料，可以提高砂浆体系的致密度，具有较高的抗渗性能。需要注意的是，由于建筑垃圾杂质种类多、含量高，只有严格控制、优化再生细骨料的制备工艺，才能达到固体废弃物资源化利用的目的。

图 2.6　再生预拌砂浆

节能环保型连续式干粉砂浆生产线是一种生产再生砂浆的全新方法，其生产线如图 2.7 所示，该生产线通过特殊设计的动态计量系统、三级搅拌系统及计算机控制系统，实现了连续下料、连续搅拌、连续出料，颠覆了传统的间断式生产方式，大大降低了企业的投入和产出成本，极大地提高了企业的经济效益和社会效益。此生产线较传统生产下有以下几个优点：

（1）能耗少，使用成本极低，搅拌非常均匀

该套设备采用特殊设计的连续式三级强制搅拌，总功率只有 120kW 左右，生产时正常运转电机只有 36.8kW，其中搅拌功率仅有 13.2kW，每吨砂浆耗电不到 0.5kW·h。如果一条生产线年产 30 万 t 的话，每年可节省电费 100 多万元。

（2）连续式生产，生产效率高

该设备根据砂浆不同的配方，将各种物料按比例连续下料，利用物料的自重，通过特殊设计的三级搅拌系统和精准的动态计量系统，实现了干粉砂浆的连续式生产，生产效率高，实际生产能力为 80~140t/h。

（3）智能化程度高，计量精准

该设备按照配比将几种原料同时下料，动态计量，自动修正偏差，质量误差小于1%，任何时点取样，配比均一致，完全满足各种型号普通砂浆的生产工艺要求。

（4）配置高、故障少

该套设备配置比较高，生产稳定，故障少；采用特殊的耐磨装置，耐磨性能高，坚固耐用，所有的溜管、溜槽加百叶窗式耐磨装置，使物料与物料相互摩擦，彻底解决耐磨问题，永不更换。

（5）绿色环保，粉尘排放达到国家标准

该套设备充分考虑到了连接部分的密闭，加之配备了足够的收尘器系统，回收的粉尘返回使用，实现了零排放。

图 2.7　节能环保型连续式干粉砂浆生产线主要结构

利用建筑垃圾再生细骨料制备再生预拌砂浆，不仅有利于环保，而且保证了充足的原料。重要的是，利用建筑垃圾再生细骨料制备的再生预拌砂浆，在性能满足国家标准和实际使用的双重要求的同时，既能降低成本，还能改善砂浆的施工性能；与现场搅拌相比，可减少砂浆使用量；罐车密闭运输，减少了运输过程中的遗撒；减少了使用袋装水泥造成的包装资源浪费；减少工程维修费用，延长了建筑物的使用寿命；减少粉尘排放，改善施工环境，实现绿色施工。再生砂浆用再生骨料、技术要求、配合比设计、制备与验收等应符合现行行业标准《再生骨料应用技术规程》（JGJ/T 240—2011）的规定。再生骨料砂浆性能试验方法，按现行行业标准《建筑砂浆基本性能试验方法标准》（JGJ/T 70—2009）规定执行。

2.3.3 再生骨料混凝土

利用再生骨料可配制再生骨料混凝土。自20世纪90年代以来，发达国家对再生骨料混凝土方面的开发利用研究已取得了重大成就。2001年，可持续发展研究机构（SRL）为再生混凝土骨料提供了环保标准。近年来，我国数十家大学及相关研究机构也开展了再生骨料混凝土的相关研究。

由于建筑垃圾来源复杂和组成不稳定，再生骨料和再生原料具有许多不同于天然粗细骨料的性质特点。有关研究表明，再生骨料和再生原料的体积中，杂质含量只要有一项超出以下限值——7%的石灰膏、5%的黏土、4%的木材、3%的石膏、2%的沥青或0.2%的醋酸乙烯基油漆，都会引起混凝土制品的抗压强度下降15%；再生骨料中含有的一些杂质，虽然微量，但会影响到混凝土的耐久性。因此，再生骨料和再生原料中有害物质含量，应是城市建筑废弃物再生加工时重点控制的指标之一。我国《混凝土用再生粗骨料》（GB/T 25177—2010）主要技术要求涉及颗粒级配、微粉含量和泥块含量、吸水率、针片状颗粒含量、有害物质含量、坚固性、压碎指标、表观密度、堆积密度、空隙率、碱骨料反应等。该标准有效规范了再生骨料的质量。

由于建筑垃圾来源的复杂性、各地技术及产业发达程度差异和加工处理的客观条件限制，可能存在部分再生骨料某些指标不能满足现行国家标准《混凝土用再生粗骨料》（GB/T 25177—2010）或《混凝土和砂浆用再生细骨料》（GB/T 25176—2010）的要求，当经过充分的试验试配验证后，可用于配制垫层等非结构混凝土。

再生骨料混凝土的拌合物性能、力学性能、长期性能和耐久性能、强度检验评定及耐久性检验评定等，应符合现行国家准标准《混凝土质量控制标准》（GB 50164—2011）的规定。

进行再生骨料普通混凝土设计取值时，可参照以下要求：

（1）再生骨料混凝土的轴心抗压强度标准值、轴心抗压强度设计值、轴心抗拉强度标准值、轴心抗拉强度设计值、轴心抗压疲劳强度设计值、轴心抗拉疲劳强度设计值、剪切变形模量和泊松比均可按现行国家标准《混凝土结构设计规范》（GB 50010—2011）的规定取值。

（2）仅掺用Ⅰ类再生粗骨料配制的混凝土，其受压和受拉弹性模量可按现行国家标准《混凝土结构设计规范》（GB 50010—2011）的规定取值。其他情况下配制的再生骨料混凝土，其弹性模量宜通过试验确定；在缺乏试验条件或技术资料时，可按规定取值。

（3）再生骨料混凝土的温度线膨胀系数、比热容和导热系数宜通过试验确定。当缺乏试验条件或技术资料时，可按现行国家标准《混凝土结构设计规范》（GB 50010—2011）和《民用建筑热工设计规范》（GB 50176—2016）的规定取值。

再生骨料普通混凝土性能试验方法。拌合物性能试验方法按现行国家标准《普通混凝土拌合物性能试验方法标准》（GB/T 50080—2016）规定执行。力学性能试验方法及试件尺寸换算系数按现行国家标准《混凝土物理力学性能试验方法标准》（GB/T 50081—2019）规定执行。耐久性能和长期性能试验方法按现行国家标准《普通混凝土长期性能和耐久性能试验方法标准》（GB/T 50082—2009）规定执行。质量控制应符合现行国家标准《混凝土质量控制标准》（GB 50164—2011）的规定。强度检验评定应符合现行国家标准《混凝土强度检验评定标准》（GB 50107—2010）的规定。耐久性的检验评定应符合现行行业标准《混凝土耐久性检验评定标准》（JGJ/T 193—2009）的规定。

再生骨料透水混凝土。为了贯彻国家固体废弃物资源利用、环境保护政策，解决城市内涝问题和提高地下水补给途径，契合国家倡导建设海绵城市，再生骨料透水混凝土应运而生。目前在我国，再生骨料透水混凝土已在人行道、步行街、非机动车道、广场和停车场工程的路面工程中有所应用。在行业标准《再生骨料透水混凝土应用技术规程》（CJJ/T 253—2016）中明确再生骨料透水混凝土的定义为"再生粗骨料取代率为 30% 及以上的透水水泥混凝土"。其基本构造与一般透水水泥混凝土路面相同，路面结构由面层和基层组成。

再生骨料透水混凝土性能试验方法。透水系数的试验方法应按现行行业标准《透水水泥混凝土路面技术规程》（CJJ/T 135—2009）规定执行。抗冻性能的试验方法应按现行国家标准《普通混凝土长期性能和耐久性能试验方法标准》（GB/T 50082—2009）慢冻法规定执行。连续孔隙率的试验方法应按行业标准《再生骨料透水混凝土应用技术规程》（CJJ/T 253—2016）附录 A 的规定执行。抗压强度的试验方法应按现行国家标准《普通混凝土力学性能试验方法标准》（GB/T 50081—2002）规定执行。弯拉强度的试验方法应按现行行业标准《公路工程水泥及水泥混凝土试验规程》（JTG E30—2005）的规定执行。

再生骨料透水水泥混凝土路面结构可分为全透水结构和半透水结构两种结构类型，应根据工程实际需要选择结构组合形式，相关设计要求可参照现行行业标准《透水水泥混凝土路面技术规程》（CJJ/T 135—2009）或《再生骨料透水混凝土应用技术规程》（CJJ/T 253—2016）执行。再生骨料透水混凝土宜采用强度等级不低于 42.5 的硅酸盐水泥或普通硅酸盐水泥配制。再生骨料透水水泥混凝土宜采用粉煤灰、粒化高炉矿渣粉、硅灰等矿物掺合料，且粉煤灰等级不宜低于 II 级；粒化高炉矿渣粉等级不宜低于 S95 级。再生骨料透水混凝土的配合比设计可参照现行行业标准《透水水泥混凝土路面技术规程》（CJJ/T 135—2009）或《再生骨料透水混凝土应用技术规程》（CJJ/T 253—2016）执行。再生骨料透水混凝土拌合物运输时应防止离析，并应保持拌合物的湿度，必要时可采取遮盖等措施。再生骨料透水水泥混凝土拌合物从搅拌机出料后，运至施工地点进行摊铺、浇筑完毕的允许最长时间，应根据混凝土初凝时间及施工气温确定，并应符合相关规范的规定。再生骨料透水水泥混凝土路面施工完毕后，应覆盖塑料薄膜等保湿材料及时进行保湿养护。养护时间宜根据透水水泥混凝土强度增长情况而定，养护时间不宜少于 14d。

2.3.4　再生混凝土制品

再生骨料和再生粉体可用于再生骨料砖和砌块的生产。再生骨料砖的性能应符合现行行业标准《建筑垃圾再生骨料实心砖》（JG/T 505—2016）、《蒸压灰砂多孔砖》（JC/T 637—2009）、《再生骨料应用技术规程》（JGJ/T 240—2011）的有关规定。再生骨料砌块的性能应符合国家现行标准《普通混凝土小型砌块》（GB/T 8239—2014）、《轻集料混凝土小型空心砌块》（GB/T 15229—2011）、《蒸压加气混凝土砌块》（GB 11968—2006）、《装饰混凝土砌块》（JC/T 641—2008）、《再生骨料应用技术规程》（JGJ/T 240—2011）的规定。

2.3.4.1　再生砖

建筑垃圾中的各种成分首先经过分类收集后，得到可以用于生产再生砖的砖渣类成分，然后利用破碎筛分机械对其进行处理得到各种粒径的再生骨料，紧接着与按比例称量好的其他成分如水泥、外加剂和水混合搅拌均匀，经制砖设备加工生产，可获得高性能标准砖。用建筑垃圾替代传统材料制备再生砖是现今处理建筑垃圾的重要方式之一，具有良好的社会、经济和环境效益。

相比于传统黏土砖，再生砖独有的特点有废物利用、绿色环保、机制生产、尺寸灵活、设计性好、强度高、价格低廉和施工简便快捷，是建筑垃圾作为原材料进行循环再利用的新一代绿色建材产品，其主要技术优势有：

（1）废物利用，节能环保：减少传统耕地取土制砖，保护土地资源。

（2）机制生产，减少污染：使用传统产品模具机械化生产，减少了燃料的使用量和污染气体的排放量。

（3）就地取材，价格低廉：原料来源广泛，易于获取，生产简单、经济。

再生砖的抗压强度应符合表 2.3 的规定，表中未标示强度等级要求，可线性外推确定。

表 2.3　再生砖抗压强度

强度等级	抗压强度（MPa）	
	平均值	单块最小值
MU3.5	≥3.5	≥2.8
MU5	≥5.0	≥4.0
MU7.5	≥7.5	≥6.0
MU10	≥10.0	≥8.0
MU15	≥15.0	≥12.0
MU20	≥20.0	≥16.0
MU25	≥25.0	≥20.0
MU30	≥30.0	≥24.0

采用全自动混凝土成型机（图 2.8），通过变换模具生产各种类型的再生砖。全自动混凝土成型机具有低能耗性、高质量性、高耐用性、高材料性、高自动化性、高电控性及低成本性等优点，其主要构成及生产工艺流程如下：

（1）第一部分：搅拌配料部分

①骨料仓（全自动配料机）

实现各种级配骨料的精确计量，并且能够实现粗下料和精下料的过程。

②搅拌机

通过程序控制把各种骨料加水搅拌成主成型机所需要的干硬性混凝土。

（2）第二部分：成型输送部分

①主机

通过变换模具，各种各样的混凝土产品在这里生产出来。

②湿区托板输送

成型后的产品经过湿区托板输送运输到升板机。

③产品刷

对于高度较大的砌块，因为表面附着混凝土的残渣，所以必须刷除产品表面

图2.8　全自动混凝土成型机

的附着物。用户可以根据生产需要决定是否选择该功能。

④升板机

载有产品的托板在此排列，等待由叉车或子母车运走。

⑤子母车

从升板机取出带有产品的托板，并把这些托板运送到养护窑进行养护。

⑥降板机

养护好的产品经过子母车从养护窑中取出来，并放在降板机中。降板机通过程序的控制一层一层地释放托板，释放出来的托板经过干区托板传送装置到达码垛机，准备进行码垛。

⑦干区托板传送装置

该装置把降板机释放出来的带有养护好产品的托板从降板机运送出来，并继续向前输送到码垛机。

⑧码垛机

将养护好的产品在这里码垛。根据操作员的设定，码垛的层数可以随意调整。通常以适应包装和运输为准。码垛机可以进行不同角度的旋转，以适应不同产品的码垛需要。

⑨托板刷

码完垛后的空托板在干区输送装置的运送下继续前进，到达托板刷。托板刷通过马达的驱动高速旋转，把残留在空托板上的混凝土残渣清除掉。

⑩托板翻板装置

空托板在该装置的作用下，进入托板码垛机。

⑪主机

空托板再一次进行生产循环。

⑫托盘仓

叉车操作员把空托盘放在托盘仓内。每码完一垛产品后，板式输送带前进到预先设定的距离。同时托盘仓释放一个空托盘，该托盘在板式输送机的运送下，被置于码垛机下方，等待码垛。

2.3.4.2　再生砖的类型

（1）再生标砖

再生标砖是指以再生骨料、水泥等为主要原料，加入适量的外加剂或掺合料加水搅拌后压制成型，经自然养护或蒸汽养护而成的标砖（图 2.9）。

主规格为 240mm × 120mm × 53mm，其他规格尺寸可由供需双方协商。按抗压强度分为 MU7.5、MU10、MU15、MU20 四个强度等级。MU10 以下的砖主要用于非承重墙体的填充、砌筑和装饰；MU15 以上主要用于承重墙体的砌筑和装饰。

再生标砖的优点是质量比天然砂石混凝土砖轻，热工性能、抗震性能好，放射性低。现行执行标准为《再生骨料应用技术规程》（JGJ/T 240—2011）。

图 2.9　再生标砖

（2）再生多孔砖

再生多孔砖是指以建筑垃圾再生骨料、水泥为主要原料，加水搅拌、成型、养护制成的一种多排孔的再生混凝土制品（图 2.10）。

再生多孔砖的规格可根据需求生产出不同的块型，颜色可定制，可以广泛应用于居住建筑和工业建筑中。具有质量轻、强度高、保温效果好、耐久、外观规整、施工方便以及绿色环保等特点。

（3）再生透水砖

再生透水砖是指以再生骨料、水泥等为主要原料，加入适量的外加剂、颜料、加水搅拌后压制成型，经自然养护或蒸汽养护而成的具有较强透水性能的铺地砖（图2.11、图2.12）。

图2.10　再生多孔砖

图2.11　再生透水砖

图2.12　再生透水砖应用于道路工程

再生透水砖主规格为200mm×100mm×60mm、300mm×150mm×60mm、300mm×300mm×60mm、500mm×500mm×80mm，其他规格尺寸可由供需双方协商定制，有黄、绿、红等多种颜色。按抗压强度分为Cc20、Cc25、Cc30、Cc35、Cc40、Cc50、Cc60七个强度等级。

再生透水砖主要用途为用于人行道、游乐广场的路面，如图2.13所示，优点为透水性好，雨天能够涵养和补充地下水资源，缓解城市排水管网压力，减少洪涝灾害；晴天能够自然释放地下水分，调节空气质量。现行执行标准为《再生骨料应用技术规程》（JGJ/T 240—2011）。

"海绵城市"概念的产生源自行业内和学术界习惯用"海绵"来比喻城市的某种吸附功能。近年来，更多的是将"海绵"用以比喻城市或土地的雨涝调蓄能力。对于大城市而言，因城市地面主要由水泥或沥青铺制而成，透水性差，从而导致了近年来城市热岛效应越发明显。同时，地表因被隔绝而长期接触不到水分造成的地面沉降问题，十分不利于地表水循环。因此，再生透水砖还可以用于"海绵城市"，最大限度地实现雨水在城市区域的积存、渗透和净化，促进雨水资源的利用和生态环境保护。

（4）再生仿古砖

再生仿古砖是指以再生骨料、水泥等为主要原料，加入适量的外加剂或掺合料加水搅拌后压制成型，经太阳能蒸汽养护或自然养护而制成的再生产品（图2.13）。

图 2.13　再生仿古砖

再生仿古砖主规格尺寸为 240mm × 115mm × 53mm，其他规格尺寸可按需定制。按抗压强度分为 MU7.5、MU10、MU15、MU20 四个强度等级。

再生仿古砖主要用于承重和填充墙体的砌筑和装饰。优点为强度高、施工工艺简单、经济性好以及绿色环保。同时通过样式、规格、颜色、图案等体现墙体的历史感和厚重感，且不掉色、不褪色。

（5）再生护坡砖

生态护坡是综合工程力学、土壤学、生态学和植物学等学科对斜坡或边坡进行支护，形成由植物或工程和植物组成的综合护坡系统的护坡技术。开挖边坡形成以后，通过种植植物，利用植物与岩、土体的相互作用（根系锚固作用）对边坡表层进行防护、加固，使之既能满足对边坡表层稳定的要求，又能恢复被破坏的自然生态环境。

护坡砖又叫草圈子或水泥护坡砖，是一种利用生态护坡理念设计的保护河岸、河堤、山坡土资源不流失的建筑材料，大多为空心设计，方便种植。护坡砖可以组成连锁式铺面系统。护坡砖作为近些年来普遍用于水利工程的一种新型材料，与常规设计中的块石护坡相比，具备以下优点：

①成本低，经济性好；

②施工快捷方便；

③抗侵蚀、抗冲击、抗冻，耐用持久；

④柔性连接，可适用于各种地形；

⑤高开孔率铺面，为植被生长提供良好环境；

⑥外观具有美化效果。

再生护坡砖是指以再生骨料、水泥为主要原料，加入适量的外加剂或掺合料，加水搅拌后压制成型的护坡砖（图2.14）。

图2.14　再生护坡砖

再生护坡砖主规格为400mm×400mm×60mm、300mm×260mm×80mm、边长300mm的六角形，其他规格尺寸可由供需双方协商定制。常见形状有六角形、人字形、8字形、八角形等。

再生护坡砖的用途和优点：可在生态护坡砖中种植一些花草植物，形成网格与植物相互依托的综合护坡系统，既能起到一定的护坡作用，也能起到美化城市的效果，给人带来眼前一亮的感觉。

（6）再生降噪砖、降噪砌块

再生降噪砖、降噪砌块是指以建筑垃圾再生骨料为主要原料生产的一种带装饰面的降噪砖和降噪砌块，包括带有若干降噪孔的砖基体和装饰面层（图2.15）。砖基体为原色物料，装饰面层为彩色物料，二者间为压制混合连接，无明显的分界线。

图 2.15　再生降噪砖、降噪砌块

规格可根据需求有不同的块型和尺寸，孔洞可分为八孔、多孔等，颜色可定制。再生降噪砖、降噪砌块可广泛应用于工业厂房、居民楼房等工程建设中。

使用再生降噪砖、降噪砌块的优点为能够有效降低、消除噪声，保护使用工人的身体健康，同时，由于其本身具有装饰面，避免了二次粉刷，不用贴瓷片，客户还可根据需求选配不同颜色的产品组合成一定的纹路和图案。

（7）再生小型空心砌块、自保温砌块

建筑垃圾通过回收加工而得到的再生骨料，可作为生产再生骨料混凝土砌块的原材料。再生小型空心砌块及自保温砌块是指以水泥为胶凝材料，再生粗细骨料为原料，经计量配料、加水搅拌、振动加压成型后养护制成的具有一定空心率的砌块材料（图 2.16）。在空心部分添加保温材料达到自保温效果。质量相对较轻，墙面平整度好，砌筑方便，热工性能、抗震性能好。

图 2.16　再生小型空心砌块、自保温砌块

再生小型空心砌块及自保温砌块主规格尺寸为 390mm×190mm×190mm，其他尺寸可由供需双方协商定制。按抗压强度分为 MU2.5、MU3.5、MU5、MU7.5、MU10 五个强度等级。

再生小型空心砌块及自保温砌块的优点为墙面平整度好，砌筑方便，热工性能、抗震性能好。自保温砌块具有节能、低成本、防火以及绿色环保等优点。现行执行标准为《轻集料混凝土小型空心砌块》（GB/T 15229—2011）。

再生骨料混凝土砌块采用建筑垃圾作为骨料，水泥作为主要胶凝材料，粉煤灰作为辅助胶凝材料和活性混合材，复合外加剂用于激发粉煤灰活性和提高混凝土强度。其生产设备与工艺流程和采用普通骨料生产混凝土砌块完全相同。根据中国建筑材料科学研究总院的大量试验结果，确定了三种有代表性的城市废弃物再生原料制备混凝土砌块：废混凝土再生原料、废砖再生原料、废混凝土与废砖混合再生原料。在生产线实际生产的再生原料混凝土砌块，选择规格尺寸为390mm×190mm×190mm的单排孔标准砌块，依据《混凝土砌块和砖试验方法》（GB/T 4111—2013）进行砌块性能检验。用三个配合比生产的再生原料混凝土砌块，再生原料利用率达到78%。结果表明，使用废混凝土再生原料制备的混凝土砌块，强度等级可达到MU10、抗冻性合格；使用废砖再生原料、废混凝土与废砖混合再生原料制备的混凝土砌块，强度等级均达到MU7.5、抗冻性合格，均满足《普通混凝土小型砌块》（GB/T 8239—2014）标准要求。值得注意的是，三个配合比的再生原料混凝土砌块的吸水率、抗冻性、软化系数和碳化系数，均能满足《轻集料混凝土小型空心砌块》（GB/T 15229—2011）要求，强度等级分别满足MU10和MU7.5一等品要求。

（8）再生劈裂砌块

再生劈裂砌块又称再生劈离砌块或混合砌块，是指以再生骨料、水泥为主要原料，加入适量的外加剂或掺合料，加水搅拌压制成型后做成背靠背的两层，经自然养护或蒸汽养护而成的再生砌块，需将其从中间劈离成两块使用（图2.17）。

图2.17　再生劈裂砌块

再生劈裂砌块主规格尺寸为390mm×190mm×190mm，其他规格尺寸可由供需双方协商。按抗压强度分为 MU3.5、MU5、MU7.5、MU10、MU15、MU20、MU25、MU30 八个强度等级。有红、红褐、橙红、黄、深黄、咖啡、灰等十多种颜色。

再生劈裂砌块本身带饰面，可实现砌筑和外装饰一次完成，减少了大量作业，可大大降低建设成本。现行执行标准为《装饰混凝土砌块》（JC/T 641—2008）。

2.3.5　再生混凝土墙板

以建筑垃圾作为原料制备的再生装饰混凝土墙板属于绿色环保墙材。再生高品质混凝土墙板的原材料取自无机胶凝材料及建筑垃圾等。其中，建筑垃圾在使用前需经过分拣—破碎—筛分—物料收集等工序，制成可用于墙板的原料。满足再生混凝土墙板使用要求的建筑垃圾制备完成后，通过料方配比作为板材原料加入，并通过常温成型技术，生产出内墙装饰板、外墙装饰板及构造板等各种产品。

利用建筑垃圾可以生产各种再生墙板（图2.18）。通过将利用建筑垃圾生产的板材组装成房屋，实现建筑垃圾循环利用。该新型建材具有绿色环保、低碳健康、可塑性强、防火阻燃、防水耐浸、超强耐候、综合物理性能好、抗震强度高等特点。

图2.18　再生混凝土墙板

2.3.6　再生骨料无机混合料

再生骨料无机混合料指的是由再生级配骨料配制的无机混合料。再生骨料无机混合料包括水泥稳定再生骨料无机混合料、石灰粉煤灰稳定再生骨料无机混合料、水泥粉煤灰稳定再生骨料无机混合料三种，采用7d龄期无侧限抗压强度作为再生骨料无机混合料施工质量控制的主要指标，具体要求见表2.4。

表 2.4　再生骨料无机混合料 7d 无侧限抗压强度　　　　　　　　MPa

结构部位　道路等级 无机混合料种类	快速路	主干路		其他等级道路	
	底基层	基层	底基层	基层	底基层
水泥稳定再生骨料无机混合料	≥2.5	3.0~4.0	≥2.0	2.5~3.5	≥1.5
石灰粉煤灰稳定再生骨料无机混合料	≥0.6	≥0.8	≥0.6	≥0.8	≥0.5
水泥粉煤灰稳定再生骨料无机混合料	≥1.0	≥1.0		1.2~1.5	≥0.6

　　建筑垃圾的组成不同，生产的再生骨料的质量也有较大差异。为了更为合理地利用再生骨料，将再生骨料按照性能指标及对混合料的影响分为Ⅰ类、Ⅱ类。Ⅰ类再生级配骨料可用于城镇道路路面的底（基）层以及主干路及以下道路的路面基层，Ⅱ类再生级配骨料可用于城镇道路路面的底（基）层以及次干路、支路及以下道路的路面基层。

　　再生骨料无机混合料所用的再生级配骨料应符合下列规定：

　　由于再生级配骨料配制混合料的工程应用量较小，对再生级配骨料的适宜级配范围统计数据不多，因此再生级配骨料的级配参考相关现行标准进行规定。再生骨料无机混合料所用的其他原材料应符合相应标准规范的规定。

　　再生骨料无机混合料性能试验方法，再生骨料无机混合料最佳含水率和最大干密度按现行行业标准《公路工程无机结合料稳定材料试验规程》（JTG E51—2009）中无机结合料稳定材料击实试验 T0804 中重型击实试验方法规定执行。再生骨料无机混合料的无侧限抗压强度按《公路工程无机结合料稳定材料试验规程》（JTG E51—2009）中无机结合料稳定材料无侧限抗压强度试验方法 T0805 的规定执行。再生骨料无机混合料石灰或水泥掺量按《公路工程无机结合料稳定材料试验规程》（JTG E51—2009）中水泥或石灰稳定材料中水泥或石灰剂量测定方法（EDTA 滴定法）T0809 的规定执行。再生骨料无机混合料抗冻性能按《公路工程无机结合料稳定材料试验规程》（JTG E51—2009）中无机结合料稳定材料冻融试验方法 T0858 的规定执行。

　　再生骨料无机混合料的配合比设计可参照现行行业标准《道路用建筑垃圾再生骨料无机混合料》（JC/T 2281—2014）执行。再生骨料混合料碾压含水率不宜超过最佳含水率。由于再生骨料的微粉含量相对较多，击实过程中也会出现骨料击碎现象，导致击实锤下落后周边混合料反弹。部分击实试验中会出现击实出水后所测混合料干密度仍有提高。击实试验最佳含水率取值应保证在混合料击实不出水的条件下，以保证施工质量。

2.3.7　再生微粉

再生微粉是废弃混凝土通过除杂、逐级破碎、筛分和机械强化等工艺制备再生骨料的过程中产生的粒径小于 0.16mm 的微细粉末，主要由未水化的水泥颗粒、已水化的水泥石、骨料细粉等组成，其中 SiO_2 和 CaO 的含量较高。

目前，国内再生微粉的原料来源主要是拆除废弃建筑物产生的建筑垃圾。作为再生骨料生产中的副产品，一部分再生微粉是在再生骨料的化学强化和物理强化过程中收集得到，化学强化方法有强化附着水泥浆的聚合物乳液浸泡法、火山灰浆液浸泡法等；物理强化方法有颗粒整形法和内研磨法等，再生微粉在引风机的作用下随气流进入除尘器并被收集起来。

由于建筑垃圾来源组成的多样性和复杂性，再生微粉有别于粉煤灰、矿渣粉等矿物掺合料，成分相对复杂。一般建筑垃圾再生微粉的化学成分以 SiO_2、CaO、Al_2O_3 等为主，砖再生微粉中的 CaO 含量偏低，SiO_2 含量偏高，混凝土再生微粉与之相反。

研究结果表明，适当细度、掺量的再生微粉可以保持甚至提高水泥、砂浆和混凝土的力学性能，且再生微粉可与水泥水化产物中的 $Ca(OH)_2$ 进行二次水化，一定掺量范围内可以提升混凝土中后期强度。

2.4　建筑垃圾在城市建设中的工程应用

城市建设的高速发展不可避免地产生大量的建筑垃圾。如今，我国每年产生数亿吨建筑垃圾，已占到城市垃圾总量的 30% 以上。建筑垃圾如果随意填埋或露天堆放会占用大量土地，同时还会污染环境、浪费资源；此外，建筑垃圾中的许多物质经过分选、破碎后，是能够作为再生资源重新利用的。随着人们逐渐开始重视自然资源和生态环境，建筑垃圾资源化再生利用是可持续发展的重要出路之一，住房城乡建设部印发《关于开展建筑垃圾治理试点工作的通知》（建城函〔2018〕65 号），决定在北京市、郑州市、洛阳市、许昌市、商丘市、苏州市、南通市、杭州市、深圳市、广州市、上海市等 35 个城市（区）开展建筑垃圾治理试点工作。国内部分城市在建筑垃圾资源化再生利用方面做出了可喜的成绩，下面主要对建筑垃圾资源化再生利用的范围与工程实例进行介绍与分析。

2.4.1 长沙市

2015 年 3 月，湖南长沙市启动了"史上最大规模拆违"，按照"一年基本拆除、两年基本清零"的目标要求，长沙大范围、强力度推进拆违控违行动。另外，长沙市坚持"以拆促建、以拆促管"的原则，净化、硬化、绿化同步进行，做到"拆除一片、清理一片、美化一片"，开展环境综合整治，提高城市居民生活品质。目前长沙市对建筑垃圾的利用开展了重点研究并取得了一定成果。在建筑垃圾资源化利用过程中，建筑垃圾经过预处理、破碎、风选、磁选、水洗等工艺后，生成不同粒径的再生骨料。再生骨料再与公司自主研发的增强剂、保水剂、抗泥剂等外掺材料，经多步拌和混合而成，生产出满足性能要求的再生道路材料。主要用于再生混凝土、路面基层与垫层材料、路基台背回填材料等的生产。

由于拆违产生了大量的拆除垃圾，因此长沙市建设了多个建筑垃圾处理项目。其中有雅塘片区建筑垃圾资源化利用处置项目：建筑拆除面积 13 万 m^2，建筑垃圾处置量约 10 万 t；长沙市天心区长机棚改建筑垃圾资源化利用处置项目：建筑拆除面积 12 万 m^2，建筑垃圾处置量约 9 万 t。这两个项目建筑垃圾资源化利用的特点是：直接采用拆除垃圾生产再生粗骨料和再生细骨料。

梅溪湖地下综合管廊的道路改造用的材料，采用老旧道路改造时的建筑垃圾经破碎处理再生而成的再生路材。该段道路将用到再生路材 6 万 t，而整个梅溪湖地下综合管廊片区道路改造总用量将在 30 万 t 左右，均为再生路材铺设而成，成本降低了 5%。

马桥河路是湖南望城经开区规划"六纵四横"的主次干道路网框架中的一纵，路线走向为南北向，等级为城市主干路，设计时速为 50km/h。由于马桥河路原路面一段与长益（扩容）高速交叉，所以将此段路面降低标高，新路下穿长益（护容）高速。破除原路面所产生的道路固废全部进行再生资源化利用，其中新路试验段长 817m，主线与辅道宽共 36m，基层设计厚度 36cm，再生集料掺量为 80%，混合料用量约为 2.6 万 t；底层设计厚度 20cm。再生集料掺量为100%，混合料用量约 1.4 万 t。此外长沙到益阳之间的长益高速扩容工程上跨马桥河路段有 800 多米市政道路需要挖除重建，会产生大量的废旧路面材料，包括废旧的沥青混合料、水泥混凝土、基层混合料，总量超过 5 万 t。2018 年 9 月，长益高速扩容工程马桥河路段应用了建筑垃圾再生水稳路面材料。生产的再生道路材料代替原生碎石材料，进行了路面垫层、底基层与基层铺设和结构物台背回填。此外长沙市内 2016 年的青园路、2014 年的漱江路以及 2012 年的黄桥大道也采用了再生水稳技术，其中黄桥大道二段成为湖南省内首条利用废旧沥青块再加工而摊铺的道路。

长沙市在建筑垃圾用于制作再生砖方面也取得了不少成果，长沙市示范工地长房平和墅项目中通过设置垃圾回收系统，将施工现场的废混凝土块、散落的砂浆和碎砖渣、金属、竹木材以及装饰装修产生的废料、包装材料和其他废弃物等进行分拣分类，然后将混凝土块、砂浆、碎砖渣等通过管道传送到垃圾箱中。而垃圾箱的出口处设置有粉碎机，将收集来的建筑垃圾进行粉碎，而后通过半自动制砖机加工成砖块。这样制作的水泥砖强度可达到 10MPa 以上，真正做到了废物再利用的节能环保施工，而且既节省材料又减少了垃圾外运。成品砖块经养护成型后，可以用于铺路和胎膜砌筑，实现了建筑垃圾零排放。

长沙市其他建筑垃圾资源化利用项目见表 2.5。

表 2.5　长沙市建筑垃圾资源化利用项目

序号	项目名称
1	金星大道综合提质改造项目路面整治工程
2	长沙绕城高速西南段 2017 年度路面专项维修工程
3	长株高速公路 2017 年度路面、桥梁专项工程
4	长沙田汉大道道路工程
5	长沙机场西南站坪扩建场道工程
6	长沙市望城区一路一园建设工程潇湘北路道路工程
7	紫荆路（红枫路-梅溪湖路西延线）道路工程

2.4.2　许昌市

许昌市实施建筑垃圾专项治理十多年来，消化了 4000 多万吨建筑垃圾，把废混凝土、砖头变成了可利用的建材。许昌市的建筑垃圾资源化率已达到 95%，远超全国平均水平。

许昌市的建筑垃圾被大量应用到了建筑工程、市政工程、水利工程和园林工程中。

许昌市把建筑垃圾再生产品应用于三洋铁路二期工程许昌至亳州许昌段的铁路路基中（图 2.19），开创了建筑垃圾再生产品修建铁路路基的先例。

图 2.19 三洋铁路建筑垃圾再生产品施工现场

铁路路基填料的要求比公路路基填料的更高。根据建筑垃圾在铁路路基填筑的试验研究发现，通过对建筑垃圾进行机械分选、分拣及破碎等处理后形成粗细骨料进行模型试验，在确定施工技术参数，如铺设厚度和碾压遍数、载荷试验、沉降变形等观测后，研究试验结果表明，建筑垃圾经合理加工处理后能够满足铁路路基填料的规范要求。建筑垃圾再生产品在铁路工程中的应用，避免了开采大量的砂石等天然资源，节约了巨额资源购置费用，进一步扩大了其应用范围，与国家提出的"推进绿色发展，建设美丽中国"发展理念一脉相承。

许昌市某小区采用了再生配筋砌块，该砌块强度高，保温性好，耐久度高，收缩变形小，外观规整，施工方便，是一种实用性强的新型墙体材料，广泛应用于工业厂房以及居民楼房等工程建设中。此外，具有表观密度小、热阻值高及强度高等特点的再生装饰保温一体化砌块以及再生装配式墙体也大量投入使用。

许昌市大量的建筑垃圾被回收制作成再生砖，包括再生广场砖、再生植草砖、再生码头砖、再生透水砖等，例如许昌市科技广场便采用了再生广场砖，而许昌市中央公园广泛使用了再生透水砖，再生透水砖透水性好，雨天能够涵养和补充地下水资源，缓解城市排水管网压力，减少内涝灾害；晴天能够自然释放地下水分，调节城市气候，与我国大力发展海绵城市的理念相一致；许昌市还将建筑垃圾制成再生粗细骨料，这种骨料可以代替天然砂或机制砂，可用于制作混凝土稳定材料，城市道路基层和底基层，如许昌市建安大道西段道路基层采用的就是再生骨料。

许昌市的护坡工程也大量使用了再生水工产品（图 2.20），如许昌市的滨河公园及鹿鸣湖的护坡工程采用的是再生生态护坡砌块，某公司厂区内部采用的是再生立体互锁挡土护坡砌块，而许昌市学院河的护坡工程采用的则是再生劈裂挡土砌块，不同的再生水工产品有各自的优缺点，在不同的护坡工程中选择性使用可以发挥相应产品的优势。

图 2.20　许昌市利用建筑垃圾制成的生态护坡砌块

2.4.3　西安市

2.4.3.1　建筑垃圾在道路工程中的应用

西咸北环线高速公路是全国首个"生态环保示范工程"，也是陕西省五大重点工程之一。西咸北环线高速公路起自西安市临潼区零口镇，止于户县秦渡镇，总长 122.6km，设计时速 120km/h，采用双向六车道高速公路建设标准。西咸北环线高速公路是"关天经济区发展规划"和"西咸新区"确定的交通建设重点工程，是连接西安卫星城市和周边城镇的交通运输要道。西咸北环线高速公路的路基路面、临时设施、小型预制构件、特殊地基处理等方面大量应用了建筑垃圾再生材料。

由于建筑垃圾再生骨料粒径较大，压实后虽然强度较高，但材料存在均匀性不足的缺陷。为此，施工单位总结出了合理的碾压机械组合和遍数，掌握了关键工序控制方法，并采用灌砂法、沉降法、弯沉测定等多种方法，使施工质量有了良好保证。

该项目使用了约 600 万 t 建筑垃圾，避免了开采砂土 300 多万立方米，恢复垃圾场占用面积约 3000 亩，减少土地开挖面积 1500 余亩，节约燃煤约 3.2 万 t，减少二氧化碳排放量约 4000 万 m^3，仅在土地资源方面就节约资金近 3 亿元。为陕西省乃至全国打出了一条建筑垃圾"变废为宝"的绿色之路。该工程还被评为生态环保示范工程。

由于建筑垃圾在公路工程路基方面的利用率可达到90%以上，且建筑垃圾使用量大，技术较为成熟，已有越来越多的公路工程使用建筑垃圾。

2.4.3.2 建筑垃圾在景观公园中的应用

西安文景山公园是西安市利用建筑垃圾堆山造景的人文自然景观，总面积439.5亩，位于西安市北部。该处原为渭河古河道，周边因为大量开采河沙，布满了沙坑，荒芜不堪。为了消纳火车北站周边的建筑垃圾，改善火车北站的周边环境，西安市在文景山公园利用建筑垃圾造山，现已建成并开园，为市民、游客提供了休憩的场所。

文景山公园堆山面积达15万 m^3，公园用建筑垃圾堆了4个山峰，分别高32m、42m、42m、55m，消纳了建筑垃圾330多万立方米。其植被覆盖率达到了70%以上，也使周边环境有了大幅度改善。

公园在建设时，建筑垃圾被破碎成直径低于20cm的砂石，并采用冲击式碾压机碾压，每填高半米碾压一次，保证了山体密实度。建成后通过变形监测，山体稳定性良好。

2.4.4 沧州市

沧州市将建筑垃圾制成的再生级配骨料用于路基处理，在室内试验研究成熟的基础上，沧州市政开始将两类再生骨料在实体工程中进行应用。

初始阶段在沧州市区次干路行车道或主干路非机动车道安排试验路尝试应用，并将试验路应用积累的经验，总结形成施工作业指导书和项目成果报告。之后在沧州市区及周边县市进行了大范围的推广应用，应用的道路等级和结构层位也逐步提高。如沧州市浮阳南大道道路翻修工程。浮阳南大道位于河北省沧州市主城区，为城市南北方向主干路，始于黄河路，止于307省道，全长2138.68m。道路设计为三幅路形式，行车道宽24m，两侧各为5.5m的非机动车道。本工程所用再生骨料为沧州市砖混结构住宅楼拆除产生的建筑垃圾，经除土、除杂处理及移动式破碎设备处理后生成的再生砖石。水泥稳定再生砖石和石灰粉煤灰稳定再生砖石采用路拌法施工，施工过程中配合一定的降尘措施。浮阳南大道道路工程竣工已十年有余，对路面使用情况进行连续跟踪监测，道路运行状况良好，没有发生裂缝、车辙、坑槽等病害。

浮阳南大道道路工程中应用的水泥稳定再生砖石和石灰粉煤灰稳定再生砖石

基层取得了比较理想的施工效果，在总结该工程施工经验的基础上，2006 年沧州市千童大道道路工程施工时，再次进行了再生骨料无机混合料应用。千童大道位于河北省沧州市主城区，为城市南北方向主干路，道路设计为三幅路形式，其中行车道宽 21m，两侧各为 4.5m 的非机动车道。在该工程中，对水泥稳定再生砖石、石灰粉煤灰稳定再生砖石和水泥粉煤灰稳定再生砖石三种无机混合料均进行了应用，并与传统的石灰土基层进行了施工效果和长期性能的对比。千童大道 2006 年 11 月竣工通车，至今已有 12 年，路面状况良好，没有发生裂缝、车辙、坑槽等病害。

再生骨料无机混合料在非机动车道应用成功的基础上，开始将其推广应用至更高等级的城市道路，应用部位也由非机动车道转向机动车道。沧州市吉林大道道路工程是水泥稳定再生砖石应用于机动车道底基层的一个典型案例。吉林大道位于河北省沧州市迎宾大道以西，为城市南北方向主干路，北起郑州路，南至广州路段，全长 2191m，规划红线宽 80m，占地面积约 247 亩。该工程进行底基层施工时正值深秋季节，气温较低，若采用传统的石灰土底基层施工，在较低的温度条件下，石灰土材料的强度增长较慢，不能满足施工要求。因此，将原路面结构中的顶部 15cm 厚石灰土变更为水泥稳定再生砖石，经过严格的质量控制，保证了工程质量和工期要求的双重目标。

除以上道路之外，沧州市还在广州路道路工程、孟村县建设大街道路翻修工程等多条城市道路中集成应用了水泥稳定建筑垃圾再生骨料、再生级配集料等再生材料，达到了良好的施工效果和社会经济效益。

自 2005 年开展建筑垃圾在道路工程中的资源化利用技术研究及推广应用至今，沧州市政已累计应用建筑垃圾再生骨料 500 余万吨，先后在沧州地区及周边县市的 60 余条道路工程中进行了应用，不仅消纳了大量的建筑垃圾，保护了城市环境，同时再生骨料的应用也大大提高了道路的路用性能，延长了道路的使用寿命。

沧州市其他建筑垃圾资源化利用项目见表 2.6。

表 2.6　沧州市建筑垃圾资源化利用项目

序号	项目名称
1	沧州市浮阳南大道道路翻修工程
2	沧州市千童大道道路工程
3	沧州市吉林大道道路工程

序号	项目名称
4	沧州高新区运河园区永安大道工程
5	沧州市景观整治工程
6	沧州市神华大街道路工程
7	沧州市北京路北侧规划路
8	沧州市主城区雨污分流改造工程
9	沧州市动物园北侧规划路
10	九河东路道路工程
11	经二街道路工程
12	热力官网路面恢复工程

2.4.5 北京市

北京市朝阳区十八里店乡建筑垃圾处理再利用通过"政企协同推进"模式取得了一定的进展，由于近年来十八里店乡拆违力度不断加大，去年拆除违建约 430 万 m^2，由此也产生了大量建筑垃圾。为加快推动十八里店乡建筑垃圾的处置和资源化利用，乡政府与专业的建筑垃圾资源化处置公司签订合作协议，共同研究制订实施方案，形成了"源头分类、全局考虑、拓宽应用、产业布局、杜绝污染"的工作思路。通过结合十八里店乡拆除产生的建筑垃圾数量与全乡域的规划，将已产生的建筑垃圾按照合理的运输半径进行了精细划分，先将建筑垃圾转移至集中点位堆放，并使用移动式破碎站对建筑垃圾进行处置，该点位产生的建筑垃圾资源化再生产品优先在本乡内园林绿化等项目中使用。为抑制扬尘，建筑垃圾资源化处置公司将移动式处置装置封闭作业，达到了环保要求，并承诺在建筑垃圾综合处置后将临时封闭设施与生产线一并拆除，避免形成新的违建。该乡的建筑垃圾处置和资源化产品利用工作顺利推进。目前区域内共处置建筑垃圾约 40 万 t，共生成约 37 万 t 再生骨料，其中大部分已经通过场地平整、地面硬化和再销售等方式使用。

北京市朝阳区孙河乡建筑垃圾资源化综合利用项目具有建设周期短、投入生产快、设备可搭配、产品种类多、环保效果好、场地可还原的特性。综合利用企业自主设计配套模块式设备，可在实现分拣、破碎、筛分、除尘的设备基础上，后端连接可移动替换的各类产品生产设备，按照客户对产品的需求搭配现场多元化产品生产设备，实现现场生产再生砖、道路用无机混合料、三七灰土等再生产品，且生产设备全封闭，采用移动水喷雾系统、上料区膜结构棚房、布袋除尘系统等降尘措施，最大程度限制粉尘产生。从 2017 年年底项目正式进料，到 2018年 6 月，实际处置建筑垃圾 16 万 t，其中产生骨料 11 万 t，产生还原土 5 万 t。已将 4.5 万 t 再生骨料转化为二灰，将 1 万 t 骨料生产成水稳料用于孙河地区周边的道路基层和底基层使用，将 3500t 再生骨料生产加工为再生砖，用于在建工程使用，4000t 还原土用于生产三七灰土，7000t 骨料用于生产活性菌骨料，用于水体修复中，直接销售 2.5 万 t 骨料，用于各类回填、道路厂区垫层。及时快速地处置销售建筑垃圾再生产品，减少堆放时间，同时减少对环境的污染。

石景山区衙门口棚户区改造土地开发项目是北京市确定的 2017 年重点棚户区改造项目，占地面积 251 公顷（1 公顷 = 10000m²），据测算，拆迁产生的建筑垃圾约 267 万 t。石景山区政府将棚改项目和建筑垃圾处置整体打包，采取"一体化运作"的模式，建筑拆除、建筑垃圾处置、利用项目实施主体为同一个单位，实行拆清同步和一体化管理，可以提升项目运行管理效率，有效降低整体运营成本。项目公司预计年建筑垃圾处理量约 67 万 t，年生产各类再生骨料 63 万 t，计划全部用于衙门口地区相关项目建设，包括配套市政道路、小区配套建设以及园林绿化项目等。衙门口棚改项目建筑垃圾原位资源化再利用，预计可以减少建筑垃圾运输消纳费用约 10670 万元。通过对再生骨料进行深加工，预计可为衙门口地区配套市政道路、小区配套设施、园林绿化项目建设等提供约 7000 万元市值的再生骨料产品。该项目建筑垃圾再生骨料回用为该地区配套建设节省了垃圾处理和后期材料成本，同时带来了节约填埋场地、防止水土资源破坏等效益。

随着大兴区瀛海镇拆迁腾退工作的大规模启动，瀛海镇建立了全封闭式资源化处理厂，占地面积 100 亩左右，年处理建筑垃圾量可达 200 多万吨。随后不断研究总结建筑垃圾资源化处理技术，提高建筑垃圾的利用率和环保水平，适应市场需求，将建筑垃圾转化成再生骨料、再生透水砖、再生标砖、再生降噪砖、再生护坡砖等再生产品。自 2017 年以来，已处置建筑垃圾 160 万 t，建筑垃圾资源化利用率达到 96% 以上，所生产的再生骨料和延伸产品已经用于亦庄开发区万亩滨河森林公园道路、南海子公园与瀛海镇镇区绿化、京台高速、首都环线高速公路等项目中。

除此之外，北京市也在其他地区建立了建筑垃圾资源化处置厂，推动建筑垃圾再利用工作的开展，如图 2.21 所示。

图2.21 北京市某建筑垃圾资源化处置临时设施项目

2.4.6 深圳市

深圳市正在打造可持续发展的绿色建筑之都，积极开展绿色建筑材料推广，推进建筑垃圾减排与资源化利用，现已基本实现从建筑节能到绿色建筑、从绿色建筑到绿色城市的"两个转型"，生态宜居绿色城市初具雏形。在城市建筑垃圾处理问题上，深圳市积极开拓建筑垃圾循环再利用新项目。

南方科技大学及深圳大学新校区前期拆除过程中产生了近百万吨的建筑垃圾。市住建局、城管局、南山区政府另辟蹊径，利用现场移动式破碎站将建筑垃圾制成再生骨料、实心砖、空心砖等15类再生建材产品，这些产品全部回用于南方科技大学、深圳大学新校区的建设。经测算，南方科技大学建筑垃圾采用现场消化处理的手段，节省了土地资源6公顷，减少砂石等天然材料开采60万 m^3，节省建筑垃圾外运填埋处理费用4000多万元。南方科技大学是深圳首个建筑垃圾就地绿色消化处理、再生利用的实例，建筑垃圾转化率超过了90%。接着，深圳市大运场馆及其改造工程、滨海医院、深圳机场T3航站楼等14个工程也采用了再生建材产品，社会效益和经济效益显著。

2.5 本章小结

本章详细介绍了建筑垃圾的资源化利用现状、技术、再生产品、工程应用。以长沙市为例说明了目前建筑垃圾的产生量巨大，形势不容乐观，但目前国内一些城市已经开展了建筑垃圾的资源化利用，并取得了一定的成效，如长沙市、许昌市和深圳市等。

我国建筑垃圾资源化利用尚处于起步阶段，还存在不少问题，与经济建设的快速发展不相适应。发展建筑垃圾资源化技术，一方面，有利于资源节约与环境保护；另一方面，可以拉动我国循环经济，使生态环境保护与经济发展相协调。

我国应该借鉴国外先进的经验，结合国情，创新与发展建筑垃圾资源化技术，促进建筑垃圾资源化产业的转型升级，推动我国工程建设的绿色发展。

利用建筑垃圾生产再生骨料、再生预拌砂浆、再生混凝土、再生砖、再生砌块、再生混凝土墙板、再生无机混合料以及再生微粉等再生产品，一方面解决了建筑垃圾无处堆放、大量占用土地的问题，另一方面再生产品符合国家政策可持续发展的要求。

建筑垃圾再生产品在城市建设中已经有了一些具体的实际工程应用。在道路工程应用方面，如长沙市马桥河路、青园路、潇江路和黄桥大道等工程均分别应用了再生水稳技术。在城市公园等绿化景观应用方面，如许昌滨河公园、许昌中央公园、西安文景山公园等大量使用了再生制品。同时长沙市等城市建设了多个建筑垃圾处理项目以保证数量庞大的建筑垃圾得到有效处理。

我国建筑垃圾资源化利用机遇和挑战共存，大力发展建筑垃圾资源化利用也是可持续发展战略的主流趋势，是解决大量建筑垃圾问题最有效的途径。我国应当学习国外先进的制度、经验和技术，正视我国目前建筑垃圾资源化处理存在的问题，在不断实践与改进的过程中推动我国建筑垃圾资源化利用的进程。

第3章 工程渣土的资源化利用

3.1 工程渣土的资源化利用现状

本书所述工程渣土包括工程弃土（槽土）和盾构渣土（简称盾构土）。工程弃土是一种宝贵的资源，通过资源化利用手段进行统筹规划，综合调配，采用综合利用措施，来应对城市辖区范围内的工程弃土，以减少弃土的堆放量，同时在处置终端进行循环再生利用，从而实现工程弃土的资源化利用。

盾构土作为工程建设废弃物分类中的重要分支，其减量化、无害化与资源化处理一直受到业内关注。盾构土是盾构施工过程中产生的一种特殊渣土，在隧道盾构机的施工过程中，为保护盾构刀具并减少磨损，软化掘进土体以及提高盾构机掘进质量，需添加泡沫剂、高分子聚合物和水等，故盾构土中富含表面活性剂（泡沫剂或发泡剂）及高分子聚合物，呈高流塑状，且不易失水干燥。盾构土中所含泡沫剂一旦进入水体，会产生大量泡沫，对水中微生物造成不良影响；此外，由于盾构土中含有表面活性剂，难以晒干，流动性大，如果直接进行矿洞填埋或大量堆积，可能造成潜在地质危害。盾构土必须进行无害化处理，经过环保处置的盾构土可以有效节约消纳库容，对其进行资源再生利用，如作为黏土原材料、保温材料或市政建设使用的优质不可再生资源等。

3.1.1 工程渣土的产量现状

随着城市建设的发展，各种地标建筑和高层、超高层建筑拔地而起。以前房屋建设产生的工程槽土、施工方多以回填形式处理，现在高层建筑不但不需要回填，而且越挖越深，工程弃土数量激增。此外，近年来我国城市地下交通建设和地下管廊建设等各类大型地下工程发展迅猛，导致越来越多的开挖弃土产生且大量堆积，难以处理。据估算，一个地铁站施工产生的土方量多达 8.7 万 m^3，长 1km、直径 6m 的地铁隧道施工约产生 6.8 万 m^3 的土方量。据统计，目前我国每年产生的弃土量约在 20 亿 m^3 以上。

以长沙市为例，长沙市原有的渣土主要是建筑工程产生的渣土（工程弃土），但随着长沙轨道交通工程 2 号线延长线、1、3、4、5 号线的开工建设，现在地铁建设产生的渣土（盾构土）较多，绝大多数渣土来源于城市建设，给长沙城市环境改善带来了挑战。据长沙市城管局渣土处初步统计数据显示，2015年工程弃土产生量在 1800 万 m^3，总的增量达 10%～15%，渣土消纳场供需矛盾显现，如何处理好渣土，成为城市发展的一大难题。

在计算工程弃土的产生量时，可利用以下公式：

（1）工程槽土：直接查阅建设和渣土管理部门数据；

（2）盾构土：盾构土废物量＝盾构机横截面面积×盾构路线长度。

若工程槽土数据查询困难，可采用新增建筑面积×0.15t/m^2 做初步预测。

3.1.2　资源化利用现状

（1）管理现状

据统计，我国大中城市中开发建设项目弃土量已占到城市垃圾排放总量的15%～20%。大量的工程弃土未经许可，就被施工单位运往郊外洼地、河道或山区露天堆放、填埋，不但长期占用大量宝贵的土地资源，而且耗用大量的征用土地费、清运费等建设经费，对土壤、水源、河道、植被等造成很大的危害。

住房城乡建设部对开发建设项目弃土的管理工作一向十分重视，制定并发布了《城市建筑垃圾和工程渣土管理规定》，对开发建设项目弃土的管理进行了比较详细的规范。

（2）工程渣土处置情况

①工程弃土处置情况

当前我国对工程弃土的处置并不能够完全解决弃土的消纳问题，反而还会带来严重的生态环境问题。工程弃土其实是一种宝贵的资源，通过资源化利用手段进行统筹规划，综合调配，采用综合利用措施，来应对城市辖区范围内的工程弃土，以减少弃土的堆放量和处置量，同时在处置终端进行循环再生利用，从而实现工程弃土的资源化利用。

②盾构土处置情况

国内隧道施工产生的盾构土一般采用简单的"泥水沉淀分离＋清挖外运"和"砂砾筛分＋泥浆脱水"的工艺，但无法满足隧道施工盾构渣土的无害化等处理要求，这主要是由于缺乏对地铁隧道盾构土的性质、规律、集中处理工艺的深入研究造成的。现今仍需继续开发一种适用于隧道施工特点的盾构渣土处理方法及装备。

以长沙市为例，在长沙年产量1800万 m^3 的渣土中，有50%的进行了回填处理。剩余部分将按照减量化、资源化、无害化的要求进行处理。经过"三化"处理后最终剩余的部分残渣在消纳场进行填埋处理。设置消纳场以填埋为主，填埋达到设计的库容量和标准高度、坡度后，再以护绿为主来完善相关的护坡。

（3）工程渣土资源化利用情况

目前我国的工程渣土资源化利用相关工作相对滞后，工程渣土资源化水平较低，其利用率不足5%，而欧盟国家资源化利用率超过90%，韩国、日本资源化利用率已经达到95%，再生资源产业正在成为具有广阔前景的新兴产业。从城市资源、环境和可持续发展的角度出发，我国急需建立完善的工程产出土再利用系统，现已有一些城市对工程弃土的资源化利用进行了试点研究。

以长沙市为例，2018年长沙市地铁建设挖土石方量约为444万 m^3，2019年预计约为710万 m^3。目前，全国大部分盾构土都采用填埋方式来处理，由于添加了水和化学物质，盾构土不像普通的渣土，流动性很大，不宜堆放，还几乎成了"不干土"，即便经过长期的风吹日晒，也仅仅是干了表层，从而增加发生滑坡、泥石流等潜在地质灾害的风险。为了解决盾构土，长沙市率先推行盾构土环保处置。

此外，杭州市工程弃土量大面广，大部分地区的工程弃土都适宜用来制砖。随着黏土砖被禁用，城市建设对砖的需求量日益增加，仅萧山区每年的需求量就有约8亿块标砖。区内4家工程弃土烧结砖企业2012年向区内外市场提供约2.5亿块标砖，仅占市场份额的32%。对此，萧山区专门从中国台湾及韩国引进制砖生产线，部分制砖企业拥有自主知识产权，建筑垃圾烧结制砖工艺已经较为成熟，产品的各种指标均可达到标准要求。

3.2 工程渣土的资源化利用技术

3.2.1 工程弃土的资源化利用技术

从原理上讲，工程弃土的资源化处理技术方法有3种：物理方法、热处理方法和化学方法，见表3.1。处理施工可以直接在施工现场进行，也可在专用的处理工厂进行。

表 3.1 工程弃土处理原理及途径

处理原理	处理方法	用途
物理方法	干燥、脱水	一般填土材料
热处理方法	热熔处理	砖瓦、陶土粒
化学方法	固化处理	固结填土材料

（1）物理方法

工程弃土含有大量的水分，为了使其变为良好的材料，减少其中的水分是最为直接的方法。自然晾晒是最简单的方法，但由于场地、时间和气候等方面的影响，一般实施起来较为困难。在国外，最为常见的是机械脱水，就是采用离心脱水机或压滤机进行脱水的方法。脱水法尤其是对高含水量的泥浆比较有效。较早的机械脱水工厂的工作能力一般较小，难以适应大规模、大型工程的要求，近几年通过技术开发，已经制造出具有 $400m^3/h$ 脱水能力的机械。在国内，上海市、深圳市等均已具有先进的渣土泥浆脱水消纳设备，如图 3.1 所示，该装置适用于建筑泥浆、打桩泥浆、洗沙泥浆的集中消纳脱水处理，消纳场将渣土泥浆回收集中消纳干化脱水处理，将产生的水处理成清水，干泥进行填埋处理。对于工程弃土的现场处理方式，可将弃土泥浆回收集中消纳干化脱水，水处理后再利用，脱水干土进行填埋或用于烧制多孔砖等，物理脱水技术近年来已逐渐成熟。

图 3.1 车间渣土脱水消纳设备

（2）热处理方法

热处理方法是通过加热、烧结的方法将工程弃土转化为建筑材料的方法。其原理可以分为烧结和熔融两种。烧结是通过加热到 $800 \sim 1200℃$，使泥土脱水、有机成分分解、粒子之间粘结。泥土的含水量适宜的话可以用来制砖，也可作为水泥制造的原材料进行使用。熔融是通过加热到1200～1500℃使泥土脱水、有机成分分解、无机矿物熔化的方法。熔浆通过冷却处理可以制作成陶粒，然后作为代替砂、砾石或制成轻型陶土砖转化为建筑材料。这一方法的优势是成品的附加价值，但其处理能力、对工程弃土的要求和固定式的处理工厂使其使用具有一定的局限性。

（3）化学方法

化学方法也称为固化处理法，是从传统的地基处理技术发展而来。在工程弃土中添加固化材料，进行搅拌混合，通过孔隙水与固化材料发生水合反应使孔隙内的自由水变为结合水；加强了土粒之间的结合力，从而提高泥土的强度。固化处理机械的处理能力可从小型 $20～30m^3/h$ 到大型 $1000m^3/h$，比较适合各种规模，尤其是大量的泥土处理工程。处理工厂可以设置为固定式，也可采用船载、车载设置为移动式，在施工上比较灵活。固化处理可以根据处理土的使用目的调整固化材料的配方，一次处理达到地基所要求的承载力等性能。固化处理的效果在很大程度上受到工程垃圾土的性质、混合方法的影响，应根据每一种工程泥土的特点进行配方试验。

从原理上讲，处理工程弃土的方法虽有以上3种，但从工程应用出发，采用化学原理的固化处理法是最为灵活、适用范围广、造价较为理想的方法。

以南京市浦口区雨发生态旅游区市政道路工程为例，现场除了大量黄土，并没有碎石、沙子等筑路材料，而是采用土壤固化剂，通过高分子聚合物微粒技术，使土壤永久固化，如图3.2所示。

图3.2 固化剂应用于市政道路工程

3.2.2　盾构土的资源化利用技术

在国外，采用泥浆加压式盾构进行隧道施工时，一般均设置机械脱水对工程排出的泥浆进行处理。但机械脱水的缺点是脱水工厂是固定式、一次性投资较高，经过脱水处理后的疏浚泥有时仍需要进行二次处理才能满足工程的要求。

国内地铁盾构土环保处置和循环利用已有了相应的工艺方法和配套装置，但基本上仅局限于对软塑和流塑状态盾构土的处置，并仅对渣土中砂、石等粗细骨料回收利用，既不成规模也不成体系。国内盾构渣土采用的处置工艺主要有分离压滤法和固化剂法两种。

分离压滤法主要是在盾构出渣现场配置渣土筛分压滤设备，软塑和流塑状态的盾构土首先经过泥浆筛分系统，将碎石、砂分离出来，碎石作为建材粗骨料使用，砂作同步注浆或其他建材细骨料使用；分离后的泥浆再经压滤系统脱水压滤，压制成含水率小于30%的泥饼，可方便运输、消纳处置。

固化剂法是盾构土出渣现场或工厂内，通过强力搅拌设备将固化剂与盾构土均匀混合，经过一定时间的养护，在药剂的作用下将渣土固化，固化后的渣土破碎后可作为回填土使用或加入腐殖质土作为园林用土。

盾构土的现场处理主要工艺为：将盾构渣土加水制成泥浆，以防盾构土黏性大，使砂石混合不易分离；分别通过振动筛分机和洗砂机筛分出粗砂和中细砂，并清洗出砂以达到《建设用砂》（GB/T 14684—2011）标准；剩余泥浆加泡沫剂解吸药剂及重金属去除药剂去除泡沫剂和有机高分子聚合物，进行无害化处理；对无害化处理后的泥浆进行脱水，脱水后形成的泥饼含水率小于30%，成固相，可制烧结砖、陶粒，或作为回填用土、绿化种植用土等；分离出的废水中加入絮凝剂、氧化剂等水处理药剂，进一步去除废水中有机污染物和悬浮物，压滤液目视清澈透明后检测是否达到《地表水环境质量标准》（GB 3838—2002）的标准，若达标，可用于现场喷淋、清洗、制浆或者洗砂。

以长沙轨道盾构土应用为例，长沙市根据其本地轨道渣土的特点总结得到以下处理方法：轨道工程盾构泥可用于制作烧结多孔砖，综合利用前需对渣土进行人工脱水或自然晾干；采用过滤式压榨机可以对盾构泥浆进行人工压榨脱水，目前规模化脱水技术成熟，但规模化集中脱水成本较高。长沙市利用轨道渣土生产烧结多孔砖的工艺流程图如图3.3所示。

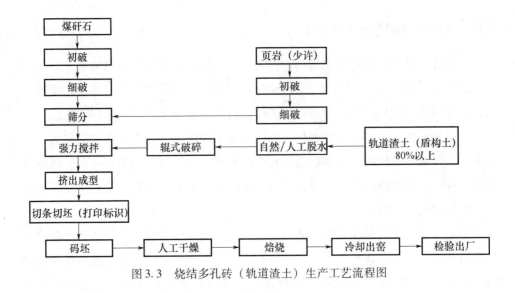

图3.3　烧结多孔砖（轨道渣土）生产工艺流程图

3.3　工程渣土的资源化再生产品

利用工程弃土生产的再生产品主要有烧结多孔砖、烧结保温砌块（图3.4）和烧结保温砖（图3.5）等，并经质量检测符合标准要求，可以应用于实际工程中。

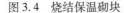

图3.4　烧结保温砌块

图3.5　烧结保温砖

工程弃土最环保的处理方法为生产建筑材料，主要是通过物理烧结方法将工程弃土烧制成建材制品，其制作工序如下：经前期堆放与混合后的工程弃土→箱式给料机（电子配料）→粗碎对辊→湿法处理（搅拌机）→可逆移动布料皮带→陈化库→多斗挖掘机→箱式给料机→带挤出功能的双轴搅拌机（自动加水系统）→细碎对辊（自动加水）→真空挤出机（自动加水）→续式切坯机→干燥车自动上架系统→隧道干燥室→干燥车自动下架系统（涂覆工序）→机械手码窑车→隧道窑→机械手卸窑车→磨削机→自动打包机→成品堆场（图 3.6）。

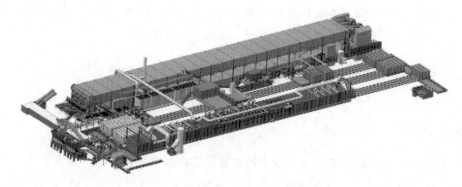

图 3.6　工程弃土烧结制品工艺布置图

盾构渣土经过筛分、无害化、脱水处理，分离出的粗细砂可用作建材骨料，去除泡沫剂、高分子聚合物和重金属的泥饼主要用于烧制多孔砖、烧结陶粒（图 3.7）等，干化土可用作填埋用土等，从而实现盾构土的减量化和资源化利用。

图 3.7　盾构渣土制成的陶粒

为打造"绿色地铁、经营地铁"，使长沙市率先成为全国轨道建设工程废渣土大面积、成规模综合利用的示范城市，该市通过对盾构土进行渣浆分离，筛分回收盾构土中的砂石，对分离后的泥浆投加专利药剂进行破乳、浓缩、絮凝、压滤脱水、干化等处理后，使"晒不干、堆不起"的盾构土不仅在物理性能方面大大降低了含水量，而且使其中的有害物质也得以清理，达到了国家环保标准。经过环保处置后的盾构土，一部分回收砂石料，可作为建材原材料用于铺路、回填等基建场所，另一部分经过压滤，得到干化土再经改良后，可做城市绿化的种植土，或用于生产烧结砖及其他相关领域。长沙市利用废渣土研究试制出烧结多孔砖，这种砖有强度高、造价低、隔声、隔热、防潮的特点。

3.4 工程渣土在城市建设中的工程应用

3.4.1 长沙市

长沙轨道交通的发展，使长沙市地铁隧道盾构渣土大量增加，其无害化、减量化、资源化处理处置亟待解决。长沙市于2016年投资建设国内第一条盾构渣土专业处理处置试验生产线，如今多处盾构土处置场已建成投产，日处理盾构土近1万 m^3，基本可满足长沙市盾构土处理处置需求。

长沙市盾构土的主要处理工艺为：首先进行泥沙分离产生砂石、泥浆，分离后得到的砂石可用于建筑工业，无害化处理后的泥浆经过浓缩压滤系统后变成泥块，主要用于烧结多孔砖或陶瓷工艺，分离出的废水加入絮凝剂并加水稀释处理后在生产中循环利用，实现盾构土的资源化循环利用。

目前长沙市所采用的砂石分离、泥浆脱水干化技术基本上可以完全消除盾构土中泡沫添加剂带来的对环境的生化危害；针对物理危害，可通过降低渣土堆积高度（50cm以内），经晾晒、自然干化也基本上可消除滑坡、泥石流等地质灾害，但扬尘产生的影响仍不能消除，并且降低堆高将大大增加所需渣土场的面积，造成更多的国土资源浪费。另外，长沙市生产烧结多孔砖技术水平仍处于初步发展阶段，其中装备与生产工艺参照许昌市烧制工艺发展，提高了工程渣土利用率。

图3.8所示为长沙市回收利用渣土的环保基地。

图3.8 长沙市回收利用渣土的环保基地

3.4.2　许昌市

随着许昌城市建设的加快，建筑废弃物也呈爆发式增长，但近年来许昌市在大力推行建筑废弃物资源化利用产业发展的过程中，将过去的简单填埋、堆积的传统粗放型处置模式，转变为减量化、资源化、商业化的再生处理利用模式，建筑废弃物资源化利用率保持在95%，并在2019年入选为中部地区唯一的"无废城市"建设试点。许昌市工程弃土烧制建材制品如多孔砖、陶粒等工艺技术位于国内前列，与法国合作共同开发弃土生产高档建材制品项目，以解决烧结建材由于生产规模和生产技术手段等因素导致的产品档次较低等问题，高质量烧结多孔砖已投入生产。

位于许昌市清潩河畔，占地200亩的滨河公园是一座城市山地公园，其建设耗时整整5年时间，消化了建筑垃圾230万t，新增绿化面积2000多平方米，如图3.9所示。此外，这座公园的水系景观、广场、游园小径等的建造均采用了再生混凝土、再生透水砖、再生仿石材等建筑垃圾再生产品，既解决了生态问题，又丰富了地形地貌，同时大大缩减了建造成本，真正实现了建筑垃圾变废为宝、化害为利。

图3.9　许昌市利用弃土建造的生态公园

3.4.3 深圳市

过去 30 年，深圳市创造了"深圳速度"，打造了全国领先的"效益深圳"，然而，城市的不断发展带来了城市建设废弃物的受纳困难。据统计，深圳市每年产生工程弃土共计 3000 万 m³，但已建成的建筑废弃物受纳场无法消纳如此庞大的弃土，城市建设废弃物处理方式的转型迫在眉睫。

如今，深圳市积极贯彻落实科学发展观，转变经济发展方式，通过高质量的城市发展引领现代产业、发展方式、生活方式的转变，大力开展城市废弃物的综合利用。

根据城市工程弃土取样分析，这些弃土是符合生产烧结类墙体材料的良好资源，同时还可以用来生产制造清水砖、市政道路砖等产品。位于深圳西丽的塘朗山城市废弃物受纳场在经过循环处理后，已将超过 500 万 t 的城市废弃物制成了市政道路铺路砖，受纳场的城市废弃物实现了再生利用。

与此同时，珠海横琴、中山、番禺等地正填海填河造陆，需要大量的土方，深圳市还将大量的弃土通过运泥船外运至这些地区，工程弃土得到了良好应用。

图 3.10 所示为深圳市某公司处理工程弃土的车间装置。

图 3.10　深圳市某公司处理工程弃土的车间装置

3.4.4 南京市

弃土还能用于公路中央和两旁的绿化带上，既美观又实用。南京绕城公路青奥景观长廊高 6m，宽 80m，总长 2.2km，景观长廊下面的土方是来自南京南站的工程弃土填充的，据南京市公路管理处介绍，该工程共消耗弃土 40 多万立方米，相当于吸纳了一个中等规模的弃土场。另据绕城公路快速化改造指挥部介绍，用工程弃土堆高造型后，还在外侧覆盖了约 1m 的黄土种植植物。这段景观长廊仅利用工程弃土就可以节约成本超过 3000 万元。

3.4.5　呼和浩特市

在呼和浩特市渣土的管理是环境卫生管理中的一项重要内容。渣土的有效管理不仅整洁了城市，美化了环境，节约了土地，更加考验着渣土行业的管理水平。近几年来，呼和浩特市不断加大渣土管理力度，从源头上治理，并且采用常态化管理与先进的技术手段相结合的方式，使渣土管理逐步走向规范化良性发展道路。在呼和浩特市二环快速路上有一座被人们形容为"天空之城，空中花园"的北山公园，园区面积 15 公顷。市委、市政府于 2016 年决定对呼和浩特二环快速路沿线两侧的 19 个弃土堆进行绿化改造，北山公园即是第 13 号弃土堆改建的，原有工程弃土土方量 175 万 m^3。经过半年的规划治理，北山公园已具有环境优美、适宜赏游的生态价值。与建筑垃圾相似，工程弃土也可以应用于景观公园，而且一次性消纳量大，工序简单，一举两得。

3.4.6　济南市

济南市被住房城乡建设部确定为全国 35 个建筑垃圾治理试点城市之一，随着全市拆违拆临行动的开展，拆除违章建筑产生的建筑垃圾及渣土数量激增。渣土处理填埋场有限，13 处渣土场或将填满。

济南市渣土专项整治组在天桥区黄河大坝淤背区填筑工程现场，召开建筑渣土直接利用现场会，推介天桥区渣土利用新案例。在天桥区城管局推进下，黄河大坝淤背区填筑工程全部采用华山湖开挖渣土，整个工程完工后，需要用土 176 万 m^3。

据了解，黄河大坝淤背区填筑工程总长度 5.05km，可填筑土方约 176 万 m^3。项目施工段长约 2.1km，回填区域长约 2.1km。工程直接利用华山洼生态修复及功能提升项目湖区水体修复工程弃置素土填筑大坝淤背区，以加固黄河大堤。

3.4.7　沧州市

在室内试验研究成熟的基础上，沧州市政将水泥稳定渣土在实体工程中进行了应用。初始阶段也是在城市次干道、支路中进行应用，后逐步推广至主干路。

沧州市首先在北京路北侧规划路上应用水泥稳定渣土，沧州市北京路北侧规划路为城市东西方向次干路，全长 2269.783m，行车道宽 21m。由于首次应用，只选择其中一段作为水泥稳定渣土试验段。在北京路北侧规划路竣工后两年多的时间里，对路面质量情况进行了定期回访，至今试验段路面没有出现裂缝、车辙等病害，路况良好。在沧州市北京路北侧规划路成功应用了水泥稳定渣土作为底基层后，又在沧州市动物园北侧规划路等道路工程中陆续使用了水泥稳定渣土。应用此种再生材料的道路均表现出良好的整体稳定性和承载能力。

在试验路应用较成熟的基础上，沧州市政又将水泥稳定渣土施工技术在沧州市雨污分流改造后的道路路面恢复工程中进行了较大范围的应用。2016 年、2017 年沧州市全面实行雨污分流改造，其中 2016 年沧州市主城区雨污分流改造工程主要位于渤海路以南、海河路以北、长芦大道以西、迎宾大道以东合围的老城区内，分为水月寺大街维明路、清真寺志强路、运西 3 个区域，共包含 28 条路（31 个路段）范围内的排水改造，道路总长度为 39.37m。本次雨污分流改造后进行道路路面结构恢复时，广泛采用水泥稳定渣土作为底基层。在竣工后的几年时间里，试验路段表现良好，未出现病害问题。

自 2014 年以来，沧州市政开展分离渣土在道路工程中的资源化利用技术研究工作，对从拆除类建筑垃圾中分离出性能符合路用材料技术要求的渣土的分离处置工艺和技术措施进行研究，系统评价了分离渣土的技术性能，明确提出其技术指标要求，并对水泥稳定渣土的生产施工工艺进行总结，提出质量控制要求及验收标准。2018 年 9 月，沧州市政承担的河北省建设科技计划项目"水泥稳定渣土应用于道路底基层研究"顺利通过河北省住房和城乡建设厅组织的成果鉴定，成果达到国际先进水平。截至目前，已在实体工程中累计应用分离渣土近 10 万 t，铺筑的道路里程达 12km，使大量的分离渣土得到了高效、合理的再生利用。

3.5 本章小结

本章分别介绍了工程渣土（包括工程弃土与盾构土）的资源化利用现状、技术、再生产品和工程应用。我国大中城市中开发建设项目弃土量已占到城市垃圾排放总量的较大比例。住房城乡建设部制定并发布了《城市建筑垃圾和工程渣土管理规定》以加强对工程渣土的管理。目前由于各地地铁的大量兴建产生了大量的盾构土，也产生了很多危害，针对现已存在的情况，国内一些城市率先开展了工程渣土资源化利用的试点研究，比如长沙市开展的盾构渣土制备烧结砖的研究。

结合各地工程弃土资源化利用的研究，总结了以下几点比较成功的经验，供从事工程弃土相关研究的企业和人员借鉴。

（1）通过选取符合条件的一家黏土多孔砖企业作为渣土综合利用试点，表明轨道工程废渣土综合利用可以实现规模化生产，并且能够清洁生产合格烧结制品，试点工作取得了初步成功。

（2）综合利用企业渣土堆场大小、盾构渣土处理（脱水或干燥）及安全防范能力是综合利用的关键因素；另外，作为企业生产原料，轨道公司需尽可能按质按量地保障对企业的渣土供应量。

（3）渣土综合利用牵涉面广，需各地级政府职能部门、地铁公司、科研院所及综合利用企业密切配合参与，轨道工程废渣土规模化综合利用才能真正实现。

（4）在已有基础上进一步完善轨道工程废渣土综合利用的配套管理和激励优惠政策，形成渣土综合利用有效机制。

建设工程渣土的产量随着城市化进程越来越大，通过资源化利用，可将部分渣土转化为市场需求极大的建材产品，有效缓解渣土围城问题，创造社会效益和经济效益。但最关键的还是要从源头控制，尽可能做到源头减量，避免过多工程渣土的产生。

第4章　城市污泥的资源化利用

4.1　城市污泥的资源化利用现状

4.1.1　城市污泥资源化利用简介

（1）起始阶段

从19世纪末到20世纪20年代，该阶段是城市污水处理的起始阶段，该阶段污水处理较少，污泥产生量较少，其处置方法是将污泥粗略地堆积，用于填平洼地，或在干化厂脱水。

（2）发展阶段

从20世纪20年代到80年代，该阶段发展了城市污泥的厌氧消化技术，它使污泥的处理达到了稳定化与无害化的状态，为后续减量化处理与利用创造了条件，同时，该阶段还研究出了好氧消化技术以加速污泥的稳定化和无害化，又发展了各类相关的浓缩技术、药剂处理技术、机械脱水技术以及加热焚烧技术等，并且在此基础上将各类相关方法组合成综合污泥处理工艺，渐渐地可以较好地解决污泥处理问题。

（3）相对成熟阶段

20世纪80年代至今，城市污泥的处理技术得到了进一步完善，同时更加注重污泥的处置与资源化利用，出现了城市污泥消化工艺、好氧—厌氧两段消化、酸性和碱性发酵、污泥制砖和其他建筑材料等工艺，推动了社会的可持续发展。

4.1.2　城市污泥国内外资源化利用现状

（1）城市污泥国外资源化利用现状

随着社会经济的发展，世界各国面临的污泥量越来越大，污泥的处理处置问题亟待解决，如污泥的不合适处理，不但容易造成资源和能源的浪费，而且有产生二次污染的危害，污泥的处理、处置、资源化受到越来越广泛的关注。另一方面，国际社会包括我国环境问题和能源问题日益严重，社会发展能源需求巨大，同时建筑材料生产消耗大量黏土，造成耕地破坏，世界各国政府已经纷纷出台文件禁止采取耕地黏土生产砖等墙体材料，建筑材料生产急需替代土源。污泥经过适当的处理处置后，可以从废弃物转换为可利用的资源。因此，持续推进污泥资源化利用技术的开发与应用，加大污泥的处理处置与资源化利用的结合度，是国内外污泥资源化利用的发展趋势。

国外相对发达的城市很早之前就已经意识到污泥的处理问题，污泥的处理处置水平较高。欧美、日本等发达国家经历几十年的发展，针对污泥处理处置已制订了相对完善的技术路径，相关仪器设备的应用也趋于成熟，相关的法律法规及标准规范也已逐步完善。卫生填埋、焚烧和土地利用是污泥最终处置的主要方式，表 4.1 列出了污泥常用处置方法在各国占有的比率。目前，美国有超过16000 座污水处理设施在运行，日处理污水量达 1.5 亿 t，年产干污泥（干物质量）约 710 万 t，其中大约 60% 用于农业利用，17% 为填埋，20% 焚烧，3% 用于矿山恢复的覆盖。欧盟各国虽然对土地利用的限制越来越严格，但将污泥进行土地利用依然是欧盟污泥处理处置最重要的方式。目前，欧盟产生的污泥中大约55% 为土地利用，26% 焚烧，16% 填埋，仅 3% 采用其他方式进行处理处置。日本主要的污泥处理方式为焚烧，所占比率达到了 65%，还专门成立了污泥还田指导委员会来指导污泥的合理使用。

表 4.1　各国污泥处理方式处置（%）

国家	美国	英国	德国	日本	法国
卫生填埋	17	20	10	25	11
焚烧	20	20	50	65	24
土地利用	60	54	37	9	65
其他	3	6	3	1	—

（2）城市污泥国内资源化利用现状

相比国外，目前我国城市污泥的"无害化、资源化、稳定化、减量化"程度较低，处理处置方式相对较为单一，且处理能力也很有限，80% 乃至 90% 的污水污泥只进行简单浓缩脱水。目前国内污泥处理的技术方法主要有：

①厌氧消化

厌氧消化是指在无氧条件下，用厌氧微生物将污泥中可生物降解的有机物分解成二氧化碳、甲烷和水等稳定物质，同时减小污泥体积使其减量化，还能去除臭味，杀死寄生虫卵，回收利用消化过程中产生沼气的过程；它可以去除废物中

30%～50%的有机物并使之稳定化，是污泥减量化、稳定化的常用手段，是大型污水处理厂最为经济的污泥处理方法。

②污泥焚烧

通过添加辅助燃料进行焚烧处理，从而使有机物全部碳化，病原体被杀死，也使得污泥体积得到最大限度的减少，如图4.1所示，左边为焚烧前，右边为焚烧后。

图4.1　污泥焚烧

③热干化

高温和高压下污泥的胶凝结构易被破坏，根据该特点利用超过95℃的温度和高压来破坏污泥的胶凝结构，并且进行污泥的消毒灭菌，此为热干化污泥处理技术。污泥干燥后污泥量仅为原泥量的4.5%，含水率在10%左右，而且污泥发热量也可大幅提高，有的可以提高80%以上。

目前国内污泥处置利用方式主要有：

a. 卫生填埋

填埋是指将污泥经过滤器或离心机的初级脱水处理后，直接在废弃的矿坑或天然的低洼地等填埋场进行填埋。该种污泥处置方法的优点是运营成本低、投资少、见效快、容量大，还可以增加一部分城市建设用地；但是也有缺点，这种处理方式，重金属以分子形式存在，必然会对自然和人类社会造成影响。

b. 土地利用

污泥的土地利用是指将经过无害化处理后的污泥用于园林绿化、农田、盐碱地改良等。污泥中含有的各种微量元素可改善土壤的结构，增加土壤的肥力，从而促进植物的生长，因此污泥的土地利用在我国具有广阔的应用前景。

c. 综合利用

污泥综合利用包括污泥建材化技术、污泥材料化技术、污泥蛋白质利用技术等，其中主要是指污泥建材化利用，污泥可以用来制砖（图 4.2）、烧制轻质陶粒、生态水泥等建筑材料。但要注意的是，污泥制砖，特别是作为烧结砖的原材料时，因为有热量存在，只能作为内燃砖的原材料，无法成为高档砖的原材料，所以在有些地方叫生物砖，质量低下，强度不高，无法作为结构材料使用。

图 4.2　污泥制砖

d. 燃料利用

污泥干化后，作为燃料使用，这是污泥利用的途径之一，由于市政污水处理厂的污泥中含有大量的絮凝剂和纸纤维（这些都是高热量有机物质），所以市政污泥的热值不低，作为燃料使用可以达到次煤的标准。

对比污水处理的监管，政府对污泥处理处置的监管不到位，从而阻碍了污泥处理处置的发展。污泥处理处置内容在城市总体规划中未得到体现，更无污泥处理处置专项规划。而管理工作中的职责不清、监管滞后、政策标准不完善等诸多问题，致使部分污水处理厂污泥处理处置并不能达到减量化、资源化、无害化要求。图 4.3 列出了国内污泥处置技术所占比率。可以看出，污泥的处置被用于农业占 44.83%，用于土地填埋占 34.48%，而 13.79% 的污泥没有经过任何处置，这将会带来潜在的环境危害。如何合理地处置污水处理厂污泥，如何将其作为一种新的资源加以有效利用，已成为影响城市污水处理厂和相关部门提高管理技术水平的重要因素，也是全球共同关注的课题。

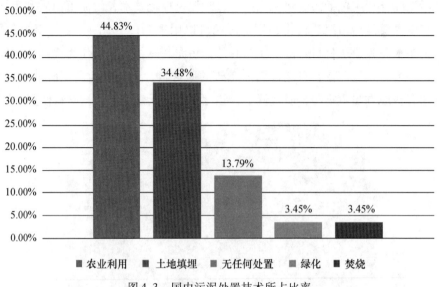

图4.3　国内污泥处置技术所占比率

　　将污泥作为生产建材的一种原料是近年来一种新兴的污泥处理再利用方法，具有明显的经济效益、无残留物需处置等优势，是污泥资源化处置今后发展的一个重要方向。国外早有研究显示城市生活污泥与黏土的组成基本相似，如能对污泥燃烧产物做适当调整，添加一些必要的添加剂，便可生产出质量完全达标的建筑用砖。从而将有机质含量偏低、不宜用于土地利用的污泥通过技术方法制成污泥砖，不仅解决了污泥出路问题，还能带来巨大的环境和经济效益。相比于发达国家，国内在污泥建材利用这一块的发展仍处于一种相对落后的阶段，虽然在污泥制砖方面已开展了不少的研究，但仍然缺乏实际的工程应用。总体而言，污泥综合利用在我国乃至西方发达国家大多还处于研究探索阶段，技术成熟和推广应用仍有很长的路要走，但此种利用方式为污泥的资源化研究提供了一个前景广阔的发展方向。

　　近年来城市污泥资源化利用在我国已引起了高度重视。自"十一五"以来，我国先后发布了《城镇污水处理厂污泥处理处置及污染防治技术政策》《城镇污水处理厂污泥处置混合填埋用泥质》《城镇污水处理厂污泥泥质》《城镇污水处理厂污泥处置制砖用泥质》《化学品有机物在消化污泥中的厌氧生物降解性气体产量测定法》等城市污泥处理处置的相关政策和标准规范。针对当前我国城市污泥处理的现状，科技部在"十二五"期间又启动了关于市政污泥资源化处理的重点专项（节能降耗市政污泥处理与能源化利用技术与工程示范）。发展改革委和住房城乡建设部发布了《"十三五"全国城镇污水处理及再生利用设施建设规划》。

但目前我国的污泥资源化利用仍然存在一些应用瓶颈问题，主要包括：

①单一技术很多并相对成熟，但是缺少技术综合集成示范和全流程综合解决方案的研究。目前好氧、厌氧污泥土地利用受到制约，一是因为目前国内污泥品质不够，二是由于污泥土地利用的风险被相对夸大。同时，国内还存在强制的污泥"稳定化"要求，有关部门应及时协调相关的问题，促使污泥品质进一步提升，并进行合理的风险评估。

②我国在污泥资源化利用方面的法律法规及相关标准也不够健全。到目前为止，除污泥农用标准之外，还没有制定关于焚烧、填埋等专门标准，尤其缺乏污泥处理处置的环保标准，对污泥处理处置过程中污染物排放和控制未进行明确规定。与国外标准相比，现行标准中污染物指标体系不够全面，规定不够细致，各套标准之间也缺乏协调和统一性，实施和监管难度较大。

③在管理机制上，污泥处理处置责任主体不够明确，政企分离不够到位，使得污水处理厂无法独立承担相关责任；污泥处理费用高昂，通常可以占到整个污水处理厂总投资的 40% 以上，污水收费不足以维系污水处理厂的运行；缺少系统规划，导致污泥的处理处置处于无序状态，不便监管。

总体来说，我国目前污水处理厂的污泥处理设施基本实现了污泥减容，但由于污泥最终处置技术路线模糊、投资和运行资金难以到位、法规监管体系缺乏等原因，污泥处理处置尚未能真正实现稳定化、无害化、资源化。污泥资源化具有相当的发展潜力，但同其相关的污泥处理、处置和再利用技术的优化、评价体系等还需要进行深入的研究和探讨。

4.1.3　城市污泥产量现状

污泥产生量的计算比较复杂，受污泥产生位置、排水体制、处理工艺、工艺运行情况以及污泥龄等多种因素的影响。本文主要介绍两种方法。

（1）按人口和平均污染物排放量进行估算

对污泥产生量的变化趋势分析可以根据人均产率，由收集到的数据计算污泥产率，再结合相关数据推算出目标年限的人口数量，即可计算污泥产生量。

$$污泥产量 = 人口数 \times 人均日产干污泥 \times 360 \div 脱水污泥含固率$$

（2）按照单位污水处理量的污泥固体产率来核算

$$污泥产量 = 日处理能力 \times 污泥固体产率 \times 360 \div 脱水污泥含固率$$

污泥产率系数的确定是用该方法计算污泥产生量的前提，目前一般是用"污泥产生量/污水总处理量"而得到，但调研发现，在实际生产过程中，不同工艺、进水水质、管道系统、收集率等对污泥产率的影响较大，因此，污泥产率的确定应综合考虑多种因素，表4.2是部分城市污水处理厂污泥产率统计。

表4.2 部分城市污水处理厂污泥产率

序号	地区	污泥产率（含水率80%）/（m³/d）
1	上海	6.50×10^{-4}
2	天津	7.04×10^{-4}
3	北京	7.00×10^{-4}

4.1.4 城市污泥国内资源化利用发展措施

城市化的进程日益推进，城市每年的污水处理量正在急剧增加，城市污水处理厂的剩余污泥量也随之快速增加。要想把污泥作为一种有价值的资源，需在稳定化、无害化处理后再将其资源化利用，应根据我国国情从环境、经济、社会三方面同时考虑污泥的处理和资源化利用，同时借鉴国外的先进经验，使我国污泥处置得以良性发展，逐步实现污泥处理处置的稳定减量化和资源化。国内城市污泥资源化利用发展需从以下几方面来进行。

（1）继续推进污泥管理体系全面化和规范化

首先，需进一步完善污泥管理相应的法律法规、标准规范和国家政策的具体配套措施，从工程设计、生产工艺、实施方案和步骤、注意事项、事故分析、奖惩措施等全方位多角度对污泥处理处置进行细化说明，提高其实际可操作性。其次，要加紧推进相关法律制度、标准规范和国家政策的制定和完善，通过修补这些政策法规中存在的漏缺，进一步提高污泥管理体系的系统性和完整性。只有尽快完善污泥标准体系，才能在政策导向上鼓励和扶持污泥处理处置企业，保障污泥资源化利用顺利开展。

（2）进一步优化城市污泥资源化处理装备

应从低能耗、低磨损、能够连续生产等方面综合考虑污水处理机械设备的提升，机械浓缩和离心脱水设备已成为各国重点研究的对象，同时太阳能热泵污泥干燥、污泥干燥流化床以及污泥旋流分离装置在今后将有巨大的发展空间。当前，已开展了很多针对污泥脱水设备的运行参数以及其他工艺参数的研究，相信这些经过优化的运行参数在不久的将来一定能够得到有效的利用。

（3）不断提高城市污泥资源化处理技术水平

一方面，在污泥资源化技术选择上，需要综合考虑环境生态效益与处理处置成本经济效益之间的均衡，并根据各地实际情况选择合适的方案。污泥堆肥技术效果显著，成本低且适用范围广，可在我国小城市及城镇广泛推广；污泥能源化、建材化和材料化等技术具有巨大的经济及环保效益，则适合在我国大、中城市应用。另一方面，应多多发展污泥资源化处理的新技术，包括污泥低温热解制油技术、污泥超声波处理技术、超临界水氧化技术、污泥发酵制肥技术等。这些技术目前还存在一些问题待解决，需要今后进一步研究和完善，但具备能源回收利用的污泥处理处置的新方法将会在今后发挥不可替代的作用。

（4）逐步实现污泥资源利用产业化

推动污泥资源利用的产业化需要开发全产业链可持续发展的商业模式，这就需要技术开发和市场的有效结合。科研部门应积极研发新技术、新工艺和新设备，致力于压缩现有工艺成本；企业则需考虑适当改变运营机制，积极开拓产品市场；通过政府、科研、企业各方面的联合努力，最终实现城市污泥资源化利用的良性发展。

4.2　城市污泥的资源化利用技术

4.2.1　城市污泥制砖技术

根据国家标准《城镇污水处理厂污泥处置制砖用泥质》（GB/T 25031—2010），污泥制砖满足嗅觉、稳定化指标、理化指标、烧失量和放射性核素指标、污染物浓度限值等要求时，可以利用污泥制作烧结砖，但利用污泥制作的烧结砖一般用在不宜与水接触的地方，如地下室等位置。目前国内外污泥最直接的资源化利用方式是掺杂于页岩、黏土、煤矸石或者粉煤灰中烧制建筑用砖，城市污泥制砖主要有两种方法，分别是干化污泥制砖和焚烧污泥灰制砖。

（1）干化污泥制砖

干化污泥制砖最突出的优点在于污泥中的有机质和硅酸盐黏土矿物全都能得到有效利用。污泥中的有机质可以为制砖带入部分热量，从而节省了内燃煤；硅酸盐黏土矿物可以部分取代黏土或页岩，有较好的节土效果。城市污泥混合黏土制砖技术最初在 20 世纪 80 年代提出，当时是将经干燥后的污泥和黏土的混合物粉碎成细颗粒，再挤压制成砖坯，经干燥后在砖窑中于 1080℃ 焙烧 24h，从而制得污泥黏土砖。经研究用干化污泥直接制砖时，应对污泥的成分做适当调整，使其成分与制砖黏土的化学成分相当。当污泥与黏土按质量比1∶10配料，烧结温度为960~1000℃时，污泥砖可达普通红砖的强度。有学者研究在黏土砖中混入10%~30%污泥，并在900℃条件下烧砖，成功制得普通建筑用的"生态砖"，不仅各项性能指标达到普通烧结砖的国家标准，而且具有比同体积的普通砖质轻、抗压强度高、能耗节省10%等优点。干化污泥制砖工艺流程如图4.4所示。

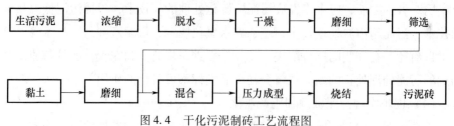

图4.4 干化污泥制砖工艺流程图

脱水成本过高是污泥制砖最大的难题。根据相关统计数据显示，100t含水率80%的污泥要燃烧18t标准煤，才能将其含水率降至60%左右。脱水成本过高一直阻碍着污泥资源化利用技术的发展。

目前合肥市和南京市在污泥制砖的研究进展上取得了一定的成果，合肥市通过企业技术改造，利用烧结砖隧道窑余热和辅助设施对污泥进行干化处理，在掺量配比上进行反复调试后，目前安徽省首条污泥制砖生产线正式投产运行，日处理污泥达150t，为合肥市污泥资源化利用开辟了新渠道。南京某公司通过投资建设除臭（硫）设备，主要用于污泥干化生产线生产过程恶臭气体的净化和治理以及制砖生产线生产过程中的烟气净化，实现除臭、除硫、除尘等。除臭（硫）设备由洗池、滤床、喷淋系统、参数控制系统等组成。其原理是利用附着在反应器内填料上的微生物，在新陈代谢过程中将污染物降解、析沉，确保pH=7。并将满足要求的污泥用来制作烧结砖，其生产工艺流程如图4.5所示，污泥制砖成品如图4.6所示。

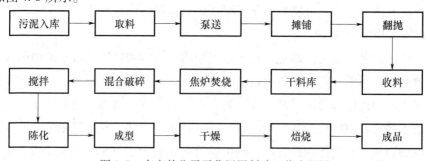

图4.5 南京某公司干化污泥制砖工艺流程图

图 4.6　污泥制砖成品图片

南京某厂采用制革脱水污泥（含水率60%～70%），煤渣、石粉、粉煤灰、水泥等参照制砖厂"水泥、炉渣空心砌块"生产工艺进行批量试验。根据试验结果，该种污泥在常温下用水泥做结合剂成型，生产的砌块的浸出液中含铬量很低，可视同无二次污染。砌块的物理性能检测虽然不合格，但检测结果离标准值较为接近，可经过适当的调整制成符合标准的砌块，从而使污泥得到综合利用。

（2）焚烧污泥灰制砖

污泥含灰量较高，甚至可达100%；其适宜的制砖温度为1020～1060℃。在欧洲，污泥焚烧法是最常用的污泥处理方法，但由此会产生大量的污泥焚烧灰，故诸多学者开始致力于研究污泥灰的资源化利用。焚烧后的污泥灰，其化学成分与制砖黏土的化学成分相似，制坯时只需再添加适量黏土与硅砂。比较适宜的配料质量比为灰渣：黏土：硅砂=100：50：（15～20）。焚烧污泥制砖工艺流程如图4.7所示。

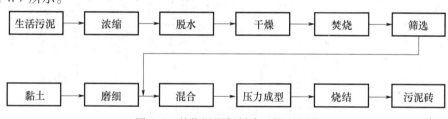

图 4.7　焚烧污泥灰制砖工艺流程图

日本的污泥焚烧灰制砖技术处于世界领先水平。东京市政府和某公司合作，开发焚烧灰制砖技术。建成生产线能利用 100% 的污泥焚烧灰而不加任何改性剂，每天消耗污泥焚烧灰 15t。目前使用这项技术建成的生产企业已有 8 家，产品被广泛应用于基础设施建设，如作为广场或人行道的地面材料。

浙江省的污泥焚烧技术在国内也处于相对领先水平。浙江衢州某建材公司污泥资源化综合利用项目根据 2000t/d 回转窑的处理能力及处置现状，建立了 50t/d（含水率 80% 左右）的城市污泥处置线。该项目将污泥掺烧进入回转窑焚烧处置。年工作时间 300d，每年处理污泥达 1.5 万 t。处置污泥来源于衢州市市政污泥处理厂产生的污泥。该项目建立之前，衢州市市政污水处理厂产生的污泥大部分送往附近污泥堆场进行处理，对周边环境造成了一定的影响。且随着填埋场的运行，其容积逐年减小。浙江衢州某建材公司污泥资源化综合利用项目不仅保证了市政污水处理正常运行的需要，更是解决了周边的环境问题。

4.2.2　城市污泥制水泥技术

污泥灰分含量高，其化学组成与水泥原料接近，同石灰石一起经过煅烧、粉碎等一系列加工后即可制成水泥。根据国外调查显示，将石灰或者石灰石加入污泥焚烧灰中，可煅烧制成灰渣水泥，其强度能够符合 ASTM 水泥规范。在美国和日本，有学者研发出利用城市垃圾焚烧物和城市污泥为原料，烧结温度为 1000～1200℃ 制造水泥的技术，因原材料中大约有 60% 是废料，故 CO_2 的排放量和燃料耗用量也较低。图 4.8 所示为城市污泥制水泥工艺流程图。

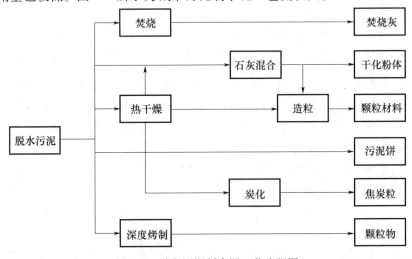

图 4.8　城市污泥制水泥工艺流程图

4.2.3　城市污泥制陶粒技术

以污泥为主要原料制得的陶粒，因高质、高强、保温等特性备受关注，是具有发展潜力的新型建材。改性污泥可以制成陶粒作为建筑材料，昆明一家公司已经利用脱水污泥生产出优质的人造轻质陶粒和陶粒空心砖。上海建科院以粉煤灰陶粒生产工艺为基础，再加入掺量为 20% ~ 30% 的城市污泥成功制得了密度 700 ~ 800 级的烧结粉煤灰陶粒，这种污泥制粉煤灰陶粒在自然养护条件下可配制出强度等级为 C40 的混凝土，而且水泥用量与同强度等级普通碎石混凝土相比大致相同，同时烧结陶粒过程中的浸出液里的重金属含量达到地面水 Ⅲ 类标准。利用这种生产工艺每生产 $1m^3$ 陶粒，可消纳含水率为 80% 的污泥 0.24t。图 4.9 所示为污泥陶粒生产工艺流程图。

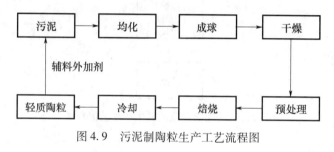

图 4.9　污泥制陶粒生产工艺流程图

4.2.4　城市污泥制合成燃料技术

污泥燃料化技术分污泥合成固态燃料技术、污泥合成浆料燃料技术及污泥质废弃物衍生燃料技术。这 3 种技术均具有配方灵活、脱硫成本低、效果好的特点。重金属集存于灰渣中，具有固定效果好、储存运输方便等优点。结合当前国内中小型污水处理厂的实际状况，用污泥制固态燃料技术对污泥进行处理处置比较可行，其工艺流程图如图 4.10 所示。

4.3　城市污泥的资源化再生产品

在我国城镇化建设初期，关于污水处理厂污泥处置问题特别严重，污泥的处理处置缺乏科学的途径，60% 的厌氧消化污泥的处置仍采用填埋等落后方式，如此落后的方式不仅对环境造成极大影响，而且造成污泥资源的严重浪费。为了解决污泥处置难题，拓展污泥处置的途径，我国相关单位和企业开展了土地利用、单独焚烧、垃圾协同焚烧和建材利用等多种工程实践。

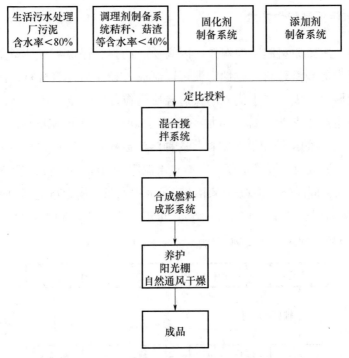

图 4.10　污泥制合成燃料生产工艺流程图

（1）污泥制砖

污泥制砖是建材利用方式之一，2006 年我国砖瓦行业已开始尝试。为了使污泥制砖规范化，防止污泥进入砖厂处置的无序化，确保污泥制砖对环境影响的最小化，住房城乡建设部于 2008 年发布了行业标准《城镇污水处理厂污泥处置制砖用泥质》（CJ/T 289—2008），紧接着该标准于 2010 年上升为国家标准《城镇污水处理厂污泥处置制砖用泥质》（GB/T 25031—2010）。国家标准的实施客观上能够对进入砖厂处置的污泥起到规范限制作用。

污泥制砖的方式是将一定比例的污泥掺配在制砖原料组分中，利用无机物替代部分黏土和有机物的热能价值，既能够节约黏土又可以节约能源，是一条有效的污泥利用途径。从控制制砖环节中的二次污染和砖体质量出发，GB/T 25031 规定了稳定化指标、理化指标（pH 值和含水率）、嗅觉、烧失量和放射性核素指标、卫生学指标和污染物浓度限值等准入限值，规定超过标准的污泥不能用于制砖。除此之外，还在大气污染排放指标方面提出相关要求，要求污泥在制砖时，排放的污染物最高允许浓度应满足《城镇污水处理厂污泥处置单独焚烧用泥质》（GB/T 26402—2009）的标准要求，从而防止污泥制砖造成空气污染。在其他的要求中，规定处理后的污泥在制砖混合料中的掺量（质量比）应≤10%；在产品需要或工艺条件允许的情况下，可以适当提高掺量；产品质量应满足有关国家标准的规定。该标准实施后，客观上对于污泥进入砖厂处置起到了规范和限制作用，对于有效监管我国污泥处置工作起到了重要指导作用。

南京某公司和山东某公司合作建成了全国首条城市污泥干化制砖生产线，并顺利通过了质量验收。

山东的污泥干化生产线上，城市污泥被均匀摊铺在晾晒车间，送入1000℃的窑内烧制，同时还运用了自动翻抛技术不断更新污泥层。在这项工艺中污泥的含水率可以从80%降至25%。此时的污泥和泥土颗粒很像，能直接加进制砖原料中，与煤矸石等按比例送入1130℃的窑内烧制48h，最终烧制成多孔节能砖。这种节能砖自身含有很多微孔，透气性好，降低了节能砖的自重，热阻性能也大大提高，同时还具有节能、保温的功能，光洁度、砖体强度与普通黏土砖相比也均有所提高。在人行道的铺设中应用这种砖，能够让雨水较容易渗过砖块进入地下，这样能够有效避免道路积水。近年来浙江省也制订了利用河底污泥制砖的相关扶持政策，积极鼓励相关企业采用污泥制砖。

为利用和消化河道污泥，促进河道整治，保护耕地资源和生态环境，鼓励砖瓦企业利用河道污泥制砖，浙江省人民政府办公厅印发了《关于加强河道污泥制砖工作促进河道整治》的通知。《通知》中制订了相应政策：（1）凡河床疏浚工程与污泥制砖相结合的，各级财政要酌情对疏浚工程和污泥制砖企业给予一定的贷款和贴息支持；（2）利用河道污泥生产、孔洞率达到国家和省政府相关规定要求的黏土砖，其生产企业享受《浙江省新型墙体材料开发利用管理办法》中的相关优惠政策；（3）制砖时，污泥掺量达30%以上的建材生产企业，经有关部门认定和审核批准，可免征产品增值税、减免土地使用税，其矿产资源补偿费按成品砖瓦销售收入的0.2%征收；（4）砖瓦企业以河道污泥作为主要原料生产建材产品的所得，经有关部门认定，并经地税部门审核批准后，自生产经营之日起，可免征所得税5年。同时，近年来湖南省也在积极鼓励相关企业采用污泥制砖。

利用泥质符合国家标准《城镇污水处理厂污泥处置制砖用泥质》（GB/T 25031—2010）规定的污泥制砖，可实现污泥的无害化、减量化、稳定化和资源化利用，完全符合"安全环保、循环利用、节能降耗、因地制宜、稳妥可靠"的原则。

利用污泥烧砖的优点：可以充分而有效利用污泥中的有机质——生物质燃料；彻底分解有机物，彻底杀灭病原菌，污泥从而得以彻底地减量、减容和稳定化；燃烧后的残渣成为砖体的一部分，没有残渣飞灰产生，无须进行焚烧灰的另行处置；将有毒重金属固结在砖体之中，仅有微量浸出；基本可杜绝二噁英等有害气体产生，故可避免在污泥资源化过程中给环境带来的二次污染；有利于降低污泥处理处置设施的建设投资。因此，利用污泥烧砖安全可靠，且能够带来较好的环境效益、社会效益和经济效益，从而可达到发展循环经济和节能减排的目的。

污泥制砖是一种有效的污泥处置方式，实现了污泥的处理处置减量化、无害化、资源化、稳定化的基本要求，让污泥处理处置走上产业化道路。

（2）污泥制水泥

水泥窑炉具有处理物料量大和燃烧炉温度高等特点，在水泥厂中会配备大量的环保设施。在垃圾焚烧灰的化学成分中一般有80%以上的矿物质是水泥熟料的基本成分（CaO、SiO_2、Al_2O_3 和 Fe_2O_3），脱水污泥不仅可以作为制造水泥的原料，而且能够起到提供热值的作用。若不考虑脱水污泥的运输费用，利用水泥窑协同处置脱水污泥更为经济，其中避免了大量焚烧炉的使用，从而节约大量建设费用和运行维护费用。由此在寻求污泥废料利用的过程中，找到了水泥行业与污泥的结合点。

硅酸盐水泥制造厂可以部分地接受干化污泥、污泥焚烧灰或脱水污泥饼，作为生产原料，工厂的具体预处理技术工艺取决于污泥的形态。在充分学习国外先进经验的基础上，我国也进行了这方面的探索实践，先后开展了若干水泥窑协同处置污泥的项目。表4.3中显示了目前国内已建及在建的水泥窑协同处置污泥项目（以污泥含水率20%计），这些项目设计能力还相对较低，与西方发达国家水平相比尚有较大差距，有待进一步研究和发展。

表4.3　目前我国主要城镇的水泥窑协同处置污泥项目概况

企业	设计处理量（t/d）	建成时间（年）	目前状态
兴安海螺公司	135	2018	运行
河南省豫鹤同力水泥有限公司	200~250	2017	运行
广州市珠江水泥有限公司	300	2017	运行
华新黄石水泥股份有限公司	100	2013	运行

值得注意的是，利用污泥制水泥虽然有彻底分解有机物、固化重金属等优点，但也存在制得的水泥强度较低的问题。根据研究表明加入平均0.4%的污泥会造成硅酸盐水泥构件的抗压强度降低10%；如果污泥添加量超过2%，水泥的强度将急剧下降。实际应用中，这些因素均应给予充分考虑。

（3）污泥制陶粒

目前，利用污泥制陶已成为降解污泥的重要方法。利用污泥烧制陶粒能够使城市环境得到有效的改善，同时还能带来经济效益，有着广泛的推广和实践价值。污泥制陶粒工艺对实现建筑行业的生态环保、推动建筑行业的发展也能够起到积极的作用。烧制污泥陶粒主要是脱去污泥当中的水分，从而生成制陶的主要原料，再添入黏土辅助材料之后，通过控制预热温度、烧胀等技术，从而制成符合建筑要求的轻质陶粒。在烧制陶粒时，要经过高温脱气，进而使陶粒膨胀，改变其内部结构，提高其吸水率和气体吸附性，使其具有轻质、保温、隔热等功能，从而更好地应用到建筑行业当中，减少城市污染。

虽然污泥中含有很多种有毒物质，但是其中也含有多种可利用元素，如多种无机成分：铁、铝、硅、钙等。不难发现，污泥的无机成分的组成与黏土的相似，如果配比合适，污泥有可能替代黏土或替代黏土的一部分，成为制轻质陶粒的主要原料。因此，污泥又是可以利用的资源，并且其储量巨大。近年来，国外已经有不少与污泥制造轻质建筑陶粒有关的报道。日本不少地区的污泥制陶粒技术已运用于实践多年，他们把燃烧过的污泥粉与粉煤灰或污泥干粉等可燃性较强的物质按照指定的发热量配制成污泥混合料，并加适量的水混合后造粒，再在特定的烧结机上烧制成轻质骨料。轻质骨料的烧结温度在 1000℃ 左右，烧结时间大约半小时。污泥烧制陶粒的主要性能指标见表 4.4。最早提出污泥制陶粒方案的是美国的 Nakouzi S 等人，他们通过研究发现回收或再利用印染污泥，通过加入辅助剂再把混合料成球后焙烧，可以制造出可利用的建筑轻质陶粒，在一定程度上解决了污泥处置的问题，并取得了一定的经济效益。

表 4.4　污泥陶粒性能指标

松散密度（kg/m^3）	简压强度（MPa）	吸水率（%）
≤500	≥1	20 左右
600~1000	3.0~4.5	16~18

20 世纪 90 年代以来，我国相关学者对污泥制陶粒进行了大量的研究，并取得了显著成果。比如，广州某陶粒制品厂就成功采用城市污水处理厂污泥替代部分黏土或污泥烧制轻质陶粒，并且运用于实际生产，目前产量已经接近 400t/d。厂家不仅通过利用生活污泥制陶粒取得了一定的效益，并且使得原本运至珠江口填海的污泥数量得到减少，当地的环境问题得到很大程度的解决。池长江等人早在 20 世纪末就将生活污泥掺拌到辅助材料和黏土中研制生产出轻质陶粒，让污

泥变废为宝。由于各地区污泥成分、黏土成分的差异，不同地区之间的材料配合比不一定相互适用，致使污泥加配黏土的污泥制陶粒的技术发展较慢。但是相比污泥焚烧、填埋等传统的污泥处置工艺，污泥烧制陶粒工艺不失为一项无害、无污染、有效益的处理方法，加快相关技术的研究势在必行。

在砖块制作中，其原料可以是污泥焚烧灰，也可以是干污泥。但两者均存在一定的问题，干污泥制砖污泥处理量低，且运输成本高，而污泥焚烧灰制砖的自身污泥焚烧成本高又是一个问题。实际应用中应结合具体情况具体分析，如污水处理厂离制砖厂较近，则可考虑干污泥制砖。如上海目前已有石洞口污水处理厂、桃浦焚烧厂污泥进行焚烧处置，则可考虑污泥焚烧灰制砖。也可利用焚烧灰和干污泥制造水泥，两者对水泥性状的影响并无差别。但和污泥制砖类似，干污泥制水泥也存在污泥处理量低、运输成本高的问题，并且使水泥制作过程中产生的尾气带有臭味；污泥焚烧灰制水泥的问题则在于污泥焚烧成本过高。至于利用污泥制轻骨料，目前我国主要是利用脱水污泥、底泥来制砖陶粒。底泥、污泥的成本比黏土的成本要低，故在售价上进行比较而言，有较大盈利空间。但如果将运输费用也计算在内，则产品就未必有很大的盈利空间了。由上述分析可知污泥的建材利用先要合理解决经济上的难题：对于利用污泥制作建材，可寻求现有制砖厂、水泥厂的配合，作为补偿，排水部门可给予对方一定的补贴，这部分补贴可来自污泥原先的处置费用；此外，要在技术上注意改进污泥处理量偏低、易产生臭气等问题。我国污泥有机质含量较低，国外 VSS/SS 一般为 60% ~ 70%，而我国的 VSS/SS 为 30% ~ 50%；另外，由于污水处理厂普遍采用圆形沉砂池，脱砂效率低，加上大量的基建施工，导致泥沙水排入污水管网系统，使污泥含沙量很高。同时，工业水源头处理率低，污水处理阶段无法去除重金属，使污泥中重金属含量偏高。

(4) 污泥制燃料

污泥中含有大量的有机组分，占污泥干重的 50% 左右，其热值与褐煤相当，可以进行能源化利用。到目前为止，污泥作为能源而加以利用的方法主要包括厌氧消化、微生物燃料电池、气化和热解、燃烧和混烧等。其中，燃烧和混烧可直接实现能量转化，且设备技术相对成熟，被认为是当前最经济可行的污泥能源转化方式。混合成型后的污泥复合燃料，和污泥相比明显有利于水分的扩散和挥发，可在室温和不高于 100℃ 条件下快速干化，同时实现了污泥脱水及能源化利用的目的。复合燃料的燃烧和热解过程中，污泥和煤表现各自的热特征，无明显的交互作用。污泥中的焦炭含量低于煤，且不稳定，在 1000℃ 加热过程中几乎完全分解。燃烧过程中，复合燃料中的污泥具有一定的固硫和固氮作用，污泥中的 S、N 含量较高，燃烧过程中 SO_2、NO_x 排放的绝对量有所上升，但固硫率、固氮率随复合燃料中污泥含量的升高而提高。灰渣的重金属浸出均可达到国家的相关标准规定。因此，污泥制燃料作为一种污泥利用的新成果，具有实用性和推广性。

4.4　城市污泥在城市建设中的工程应用

4.4.1　长沙市

湖南某建材有限公司拟对现有砖厂进行技术改造，在采用页岩作为原材料的原有基础上，采用长善垸污水处理厂、岳麓区污水处理厂的污泥作为部分原材料制砖，添加量占总成分的 13%。本技改项目总投资 1000 万元，位于长沙县春华镇花园新村。该项目工业占地 199.8 亩（133200m^2），其中主体工程占地 35672m^2，辅助工程占地 11885m^2，其他 2783m^2。工程现有制砖生产线一条，年产 1 亿块（折标准砖）页岩烧结空心砖，采取一次码烧大断面隧道窑新工艺。拟将污泥作为原材料添加到制砖工序中。

湖南省某污水处理厂利用污泥智能化破膜深度脱水成套设备，可以使污水处理厂含水率为 90% ~99.5% 的剩余污泥一次性处理至含水率 50% 以下，同时将污泥中有毒重金属离子进行有效固化处理，处理后的污泥不返溶，实现了市政污水处理厂污泥处理的"减量化和无害化"。污泥脱水 50% 后可转化为富含生物质能源的泥炭，用来发电，其热值可达 1500 ~2000kcal/kg，每吨处理后的污泥相当于 1/2 ~1/3t 原煤。该厂在对污泥进行深度处理后，与宁乡一家砖厂合作，将干燥污泥加入制砖原料，经混凝制砖加工处理后无残渣，节约了燃煤消耗。

4.4.2　淄博市

淄博市某水泥厂将运送来的市政污泥储存于卸料车间，装卸过程通过层层设计实现了免异味扩散。进而利用水泥窑协同处置污泥流程实现了生产自动化，通过重载滑架将污泥输送至仓外，又通过电动双轴螺旋输送机送至定量给料机，计量后通过大倾角皮带机、螺旋输送等锁风装置送至水泥窑分解炉焚烧处理，预处理车间的异味气体采取集中入窑焚烧的方式进行高温除臭处理。水泥生产中，通过高温煅烧可以去除废弃物中的有毒有害成分，废弃物焚烧后的灰分又可以作为水泥生产原料等，完全可以作为废弃物最终处置载体使用。

4.4.3 上海市

目前上海市在污泥处置方面取得了不错的进展，近年来处置污泥的项目如表4.5所示。由上海 APL 期世行贷款项目上海市某污水处理厂，用于处理 200 万 m^3/d 污水处理厂产生的化学、初沉及剩余污泥。工程总投资约 7 亿，是世界上罕见的超大型污泥处理项目。工程中污泥厌氧消化产生的沼气用于干化，而污泥干化所回收的热量可作为附加能源用于加热消化污泥。由此使得污泥干化做到能源自给，不使用外来能源。在污泥稳定化、无害化、减量化的处理过程中最大限度地利用污泥自身蕴涵的能量，做到节能减排。干化处理后的污泥可用作园林绿化培土，是污泥资源化的有益尝试。本工程污泥浓缩、脱水部分已于 2008 年 6 月投入运营，消化、干化部分于 2010 年年底完工。

表4.5 上海污泥处置项目

项目名称	工艺	类别	所在地	处理量（t/d）
上海竹园污泥处理工程	半干化 + 焚烧 + 烟气处理工艺	协同焚烧	上海	750
上海市青浦区城镇污水处理厂污泥应急干化工程	干化协同发电	协同焚烧	上海	200
上海市松江城市污泥处置工程	好氧发酵（堆肥）	好氧堆肥	上海	120
上海朱家角脱水污泥应急工程	高温好氧发酵工艺	好氧发酵	上海	120
上海白龙污水处理厂污泥处理工程	污泥厌氧消化 + 沼气净化 + 污泥干化工艺	厌氧消化	上海	1200

4.4.4 辛集市

目前污泥利用的另一途径是作为燃料发电，在我国一些城市已有初步利用，而河北省辛集市在该领域已走到行业前列，辛集市的污泥资源化综合利用项目由河北某公司投资兴建，采用专利技术——密闭式半干化污泥处理工艺，将污泥进行炼制、改性、加工，生产为适合锅炉燃烧的新型燃料，送入锅炉焚烧，烟气经过该公司独有的脱硫脱硝一体化技术进行处理，解决了污泥脱水、深加工、焚烧、发电、脱硫脱硝、脱除挥发性有机化合物等一系列技术难题。

4.4.5 廊坊市

廊坊市某污水处理厂干化工程项目设计处理泥量 40t/d（平均含水率 80%），

石灰投加率为 15% ~25%，经堆放和充分放热后，最终污泥含水率为 35% ~45%，粒径为 10 ~25mm 的颗粒大于 80%，本工程采用的处理工艺为污泥加钙干化法的专利新技术 SG-MixerDrum 工艺，可以大大降低污泥含水率，具有较强的杀菌能力，极大改善了污泥性状。该项目在不改变现有污泥处理工艺及设备的前提下，只增加少量设备即可达到国家卫生填埋要求的条件，适合现阶段国内以填埋为主的污泥处理处置现状，为制砖、水泥熟料、路基等综合利用及后续处理提供了有利条件。

4.5　本章小结

本章主要针对污泥资源化利用简介、现状、再生产品情况以及工程应用情况展开分析，由于污泥是目前我国城镇化过程中急需解决的问题，政府需要加大平台建设，促进高校、研究机构、企业等进行深入合作，提高新技术、新工艺的研发水平，从而加大城市污泥的利用。解读国家相关政策，不难发现污泥处理问题将作为今后很长一段时间的重点问题来对待。污泥建材利用的最终产物是可在各种类型建筑工程中使用的材料制品，因此无须依赖土地作为其最终消纳的载体。同时，污泥还能替代一部分用于制造建筑材料的原料（如黏土、页岩等），因此又具有资源保护的意义。目前看来，污泥建材利用在污泥常见处置方式中占比还并不算高。但是，由于相关的标准和法律法规越来越严格、土地资源越来越稀缺，污泥农用与卫生填埋所占比例逐渐降低是必然的趋势，污泥建材利用必将进一步发展。结合我国国情来看，由于污泥焚烧在所有污泥处置方式中成本最高，相对而言污泥的建材利用则更具现实性和可行性。

第5章 废旧沥青路面材料的资源化利用

5.1 废旧沥青路面材料的资源化利用现状

国外对沥青路面再生利用的研究，最早是在 1915 年从美国开始的，但由于之后大规模的公路建设，对这方面研究的投入较少。1973 年石油危机爆发后，燃油供应困难以及严格的环保法制，使得砂石材料开采受到限制，筑路用砂石材料供不应求，以至砂石材料价格上涨，才使得美国对这项技术重视起来，并且迅速在全国范围内进行了广泛的研究，取得了丰硕的成果。

1980 年，美国有 25 个州共使用了 200 万 t 热拌再生沥青混凝土。到 20 世纪 80 年代末，美国再生沥青混合料的用量几乎为全部路用沥青混合料的一半，并且在再生剂开发、再生混合料设计、施工设备等方面的研究也日趋深入。美国交通运输研究委员会编制出版了《路面废料再生指南》，美国沥青协会出版了《沥青路面热拌再生技术手册》和《沥青路面冷拌再生技术手册》，形成了完备的技术规范体系。美国联邦公路局（FHWA）与美国沥青路面协会（NAPA）统计数据显示，美国 2009 至 2014 年间每年回收废旧沥青路面材料 6720 万 ~ 7910 万 t，主要用于热拌沥青混合料的生产，占回收废旧沥青路面材料的 83% ~ 95%。据美国联邦公路管理局调查，废旧沥青路面再生利用可以节省材料费约 50%，路面造价降低约 25%，节约沥青 50%。政府要求所有用于沥青路面的新材料，都要事先说明是否会影响沥青路面的再生利用。

欧洲十分重视沥青路面再生利用这项技术，据统计欧洲每年约产生 5000 万 t 废旧沥青路面材料，其中超过 70% 再生后用于路面。第一个使用再生材料在高速公路路面维修的国家是德国，德国的沥青路面回收利用技术的研究发展迅速，不仅制定了专门的技术规范，对废旧沥青混合料再生利用方法进行了系统的分类，到 1978 年联邦德国沥青路面旧料回收利用率已接近 100%，并加以法律约束以促进执行。一些大型的机械和施工公司研发了专门进行废旧沥青混合料再生的施工机械，并且制定了与之配套的施工技术规范，其技术已推广到世界很多国家和地区，目前在欧洲排名第一。

在芬兰，几乎所有的城镇都组织进行旧路面材料的收集和储存工作，以前再生沥青混合料主要用于低等级公路的面层和基层，近几年已开始应用于重交通道路路面。法国也已开始在高速公路和一些重交通道路的路面修复工程中推广再生技术。

荷兰则在 20 年前就有 50% 的废旧沥青路面材料被用来制作再生沥青混合料。再生沥青混合料当中通常包含 10%～15% 的废弃沥青路面材料，其余破碎沥青路面材料则用水泥胶结起来以代替砂子或者水泥路基，旧的沥青路面材料粉碎后还可以作为沥青混合料的骨料，与砂子、胶凝材料混合后循环使用，其中的胶凝材料可以采用水泥，也可以采用沥青乳液及水泥和沥青乳液的混合物。此外，废旧沥青路面材料的骨料也可以用高炉矿渣或细矿渣来稳定。

日本由于能源匮乏，一直很重视再生技术的研究，从 1976 年至今路面废料再生利用率已超过 70%，并于 1984 年制定了《路面废料再生利用技术指南》。日本在第 147 届国会上通过了与资源再生利用相关的 6 部法律，与原来的两部同类法律一起构成了日本资源再生利用的法律体系。1992 年日本道路协会对《沥青废料再生利用指南（案）》进行了修订，发行了《厂拌再生沥青混凝土技术指南》。1997 年日本全国产生 3500 万 t 的废旧沥青混凝土，其中有 25% 用来生产厂拌热再生沥青混合料，有 56% 用于再生道路基层等其他方面，只有 19% 的部分没有多少利用价值，最终填埋到垃圾处理厂。日本每个拌合站都具备生产再生混合料的能力，并且政府按照企业使用废旧沥青混凝土的数量给予补助。

总体而言，欧美等发达国家特别重视沥青路面再生技术的实用性研究，在再生剂的开发及再生机械设备的研制方面都取得了很多的成果，正逐步形成一套比较完整的沥青路面再生实用技术，并达到了规范化和标准化的成熟程度。

我国对废旧沥青混合料再生利用的研究可大致分为三个阶段：

（1）起步阶段

20 世纪 70 年代起，国内一些基层养路部门就自发开始进行废旧渣油路面材料热再生利用的研究和尝试。在废旧沥青路面材料的冷再生利用方面，江苏和湖南等省早期曾进行过用乳化沥青冷拌再生废旧渣油路面材料的尝试，但只是局限在小范围的室内试验和少量的试验路阶段。1982 年，交通部下达将沥青混凝土路面再生利用作为重点科技项目，并由同济大学主持该课题研究的协调工作，山西、湖北、河南、河北等多个省市联合参加。1983 年，建设部下达"废旧沥青混合料再生利用"的研究项目，主要研究方向是在旧渣油路面中添加适当的轻油使其软化，用以替代常规的沥青混合料。

（2）20 世纪 80 年代中后期到 90 年代初

1985 年，建设部组织上海、南京、天津、武汉等市政部门和苏州市公路局、哈尔滨建筑工程学院等单位进行专题研究，并于 1991 年 6 月发布了《热拌再生沥青混合料路面施工及验收规程》（CJJ 43—1991）。该项规程在原材料的采集、旧沥青路面的翻挖，到再生沥青混合料的配合比设计及制备等方面都做了详细的规定，但限于我国当时的社会和经济条件，修建的沥青路面等级普遍较低，沥青面层种类较为复杂，既有沥青碎石，也有沥青表处、灌入式沥青面层等，高等级沥青混凝土面层只是少量的，所修建的沥青面层的厚度也偏薄。因此在当时条件下，由于废旧沥青混合料成分复杂，再生利用价值相对较低。90 年代初期，我国进入高速公路建设的飞速发展时期，沥青混凝土路面再生技术的研究与推广暂时被搁置。

（3）20 世纪 90 年代中后期至今

国内很多高校和科研机构在再生机理的理论、再生设计方法、再生剂的质量技术标准、施工工艺等诸多方面进行了研究，并铺筑了沥青热再生与冷再生路面试验段。2001 年，京津塘高速公路开始了沥青路面的就地热再生工程的实践。2003 年，广佛高速公路大修工程是国内首次将旧料掺量高达 20% ~ 30% 的再生沥青混合料用于高速公路下面层。随后，很多省市都相继引进了各种形式的大型沥青路面再生设备，并结合各自高速公路的维修工程，纷纷开始重新研究沥青路面再生技术。2008 年，交通部推出了《公路沥青路面再生技术规范》（JTGF 41—2008），对于推动我国沥青路面再生事业发展起到了至关重要的作用。

交通运输部 2012 年发布《关于加快推进公路路面材料循环利用工作的指导意见》，明确要求到"十二五"末，全国基本实现公路路面旧料"零废弃"，路面旧料回收率达到 95% 以上，循环利用率达到 50% 以上，到 2020 年，全国公路路面旧料循环利用率将达到 90% 以上。

交通运输部《"十三五"公路养护管理发展纲要》明确提出实行绿色养护生产，高速公路、普通国省道废旧路面材料回收率分别达到 100%、98%，循环利用率分别达到 95%、80% 以上。为了适应新形势下沥青路面再生技术的发展，交通运输部发布《公路沥青路面再生技术规范》（JTG/T 5521—2019），自 2019 年 11 月 1 日起施行，这大大促进了沥青路面再生技术的应用。

湖南省长沙市紧跟国家对废旧沥青路面材料资源化利用的研究步伐，加强废旧沥青路面材料资源化利用研究，积极整合长沙市高校、研究机构、企业等优秀资源，推动废旧沥青路面材料资源化利用研究，并促进研究成果落地，推动企业发展，形成良性循环，取得显著成果。早在 2012 年 3 月初，长沙市对市内较大规模的沥青混合料生产厂家和市内沥青路面翻修和再生沥青混合料应用现状进行了充分调研。调研之后，长沙市分析布局了接下来的废旧沥青路面材料的处理工作，对未来需要开展的应用项目进行了规划。目前，长沙市已有十余家从事沥青混合料生产的企业，并且每家企业具有一定的生产能力与规模。这些企业目前每年消耗的废旧沥青总量已大于长沙市每年产生的废旧沥青路面材料总量，基本实现长沙市废旧沥青路面材料在本市的消耗与产出，充分实现本市废旧沥青路面材料资源化利用，同时，也适当为长沙周边城市消耗了一定量的废旧沥青路面材料，产生较大的社会效益、环境效益以及经济效益。图 5.1 所示为长沙市的部分废旧沥青路面材料再生基地。

图 5.1　长沙市的部分废旧沥青路面材料再生基地

　　此外，河北、江苏、上海、北京、辽宁等地也对废旧沥青混合料的冷再生技术以及现场再生技术进行了研究和实验，取得了一定的成果。近几年来，国内很多科研院所已经在再生机理的理论、再生设计方法、再生剂的质量技术指标、热法和冷法再生的施工工艺、再生机械设备等诸多方面开展研究，将我国沥青路面再生利用技术研究提升到了新的水平。很多国内工程机械行业知名企业也都在研发适合我国国情的沥青路面再生设备，具体如图 5.2 所示。

图 5.2　再生沥青搅拌设备

纵观废旧沥青混合料再生利用现状，同国外发展已经较为成熟的再生技术相比，我国还处于相对落后状态，虽然对废旧沥青混合料再生利用的四种主要方法均有一定的研究和实践，但从旧料回收方法、再生混合料设计方法、施工设备，到再生路面的施工和控制方法等，目前大体上还是参照国外的技术标准进行。尤其是在废旧沥青混合料再生利用标准体系的建立方面，由于不同的研究者可能参考了不同的标准，得到的研究成果缺乏足够的可比性，因此无法形成具有我国特色的系统研究成果，这直接影响了废旧沥青混合料再生利用事业的开展。比如再生剂的选用缺乏必要的理论指导，再生剂的性能指标和技术标准尚没有形成统一的规范，而实际使用中参考的国外标准，有些地方与我国的国情有差异，与我国现有规范不接轨，从而导致再生材料使用范围受到限制的情况时有发生。我国目前生产的再生混合料一般被用来铺筑一些低等级路段或修补坑槽，在高等级道路路面中，再生混合料一般用于基层或底基层，与国外的应用现状相比还有不小的差距。其实国内也在积极寻求更好的解决方法。

长沙市以政府为出发点，搭建合作交流平台，促进企业、高校、研究院所等多方合作交流，以工程中的实际问题作为突破口，来实现技术升级优化，此种模式，也是符合我国国情与发展需要的，针对目前部分城市对废旧沥青资源化利用尚未开展或处于开展初期的地区具有一定的借鉴意义。

5.2 废旧沥青路面材料的资源化利用技术

由于石油的世界性紧缺，沥青材料也随之成为紧缺资源，这一方面在我国这个石油资源短缺的国家体现得尤为明显，我国每年沥青用量600万~700万t，根据海关总署的统计，2018年我国沥青进口总量达到503.86万t，2018年进口沥青超过15亿美元。一方面道路维修会产生大量具有较高利用价值的废旧沥青材料，另一方面，沥青材料能源紧张，需要花费高价进口。于是思考，若能将这些废旧的沥青混合料加以再生利用，不仅每年会节省大量的材料费用，大大降低建设成本，还对节约能源、可持续发展以及保护生态环境也有着深远的意义。

在这样的现状背景下，长沙市紧跟国内外废旧沥青路面材料资源化利用研究步伐，积极与湖南大学等高校、研究机构、新型企业进行合作，因此，在废旧沥青资源化利用方面，长沙市走在了国内前沿。所谓沥青路面再生，即对废旧沥青路面的沥青混合料进行一定程度的加工和处理后，使其转变为能够达到沥青路面技术要求的混合料，重新铺设后成为新的沥青路面。简单来说，就是对在维修路面时挖出来的废旧沥青混合料进行重复利用。这里的"再生"有三个层次：

（1）废旧沥青的再生；

（2）废旧沥青混合料的再生（包括废旧沥青再生以及集料级配再生）；

（3）沥青路面的再生。

沥青路面再生的首要前提是废旧沥青的再生，然后才有废旧沥青混合料的再生，最后重铺成为路面。由于废旧沥青不能够被单独分离，因此，它的再生只能依托在沥青混合料的再生过程中完成。

废旧沥青再生是沥青老化的逆过程，主要包括以下两个过程：

（1）降低废旧沥青材料的黏度，使其达到需要的黏度范围；

（2）调整废旧沥青材料的流变性，如在废旧沥青混合料中添加再生剂，以减弱废旧沥青的非牛顿特性。

再生剂作为一种低黏度、低饱和酚的矿物油料（黏度在 $0.1 \sim 20Pa \cdot s$）可以有效溶解废旧沥青质，分散沥青质，改善它的流变性。一般需要对废旧沥青路面混合料进行必要的抽提试验，然后进一步测定废旧沥青混合料中的沥青含量、沥青性能以及矿料颗粒级配，由此来确定需要添加的新集料和旧料掺加比例，使之级配达到较合理的水平。此外，还需要确定需添加的新沥青和再生剂的用量。

现在，沥青混凝土再生利用技术是将需要翻修或废弃的旧沥青混合料或旧沥青路面，经过翻挖回收、破碎筛分，然后和再生剂、新骨料、新沥青材料等按适当配比重新拌和，形成具有一定路用性能的再生沥青混凝土的技术。目前再生工艺有热再生和冷再生两种方法。

热再生方法是通过巨大热量，在短时间内将沥青路面加热至施工温度，通过旧料再生等施工工艺，使病害路面达到或接近原路面技术指标的一种技术。冷再生方法是利用铣刨机将旧沥青路面层及基层材料翻挖，将旧沥青混合料破碎后当作骨料、加入再生剂混合碾压成型的一种技术。长沙市目前已将这两种再生方法应用于企业生产并投入工程中，其中厂拌热再生相对成熟，质量可靠，大量应用于道路中、下面层，也应用于结构无破坏、表面功能修复的路面，综合处治成本较低；冷再生技术目前在国内城市道路上应用较少，虽还未形成产业化趋势，但在长沙，其应用已见端倪，且其研究投入的趋势也在加大。

沥青路面材料再生利用技术（the recycling technology of reclaimed asphalt pavement）是对于无法满足路面基本性能，需要翻修和废弃的沥青路面，经过翻挖、回收、就地或集中破碎和筛分，添加适量的再生剂、新骨料、新沥青进行配比，重新拌和成为具有良好路用性能的再生沥青混合料，并重新铺筑于路面的整套工艺技术。其主要原理是，对收集回来的废旧沥青进行抽提试验，在提取出的旧沥青胶结料中加入再生剂进行调制，使调制后的沥青具有符合规范所要求的延度、黏度和针入度。而对于提取出来的骨料则需进行分析试验，若级配不符合要求，还需要添加新的矿料重新合成。其具体流程如图 5.3 所示。

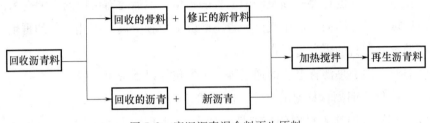

图 5.3　废旧沥青混合料再生原料

美国沥青再生协会将各种沥青路面再生技术方法分为冷刨法、冷再生法、热再生法、就地热再生法、全厚再生法五类。其具体又可以分成：

（1）HIR 法，即表面再生法、复拌法、重铺法；

（2）CIR 法，即就地冷再生法、厂拌再生法；

（3）FDR 法，即粉碎法、机械稳定法、化学稳定法；

（4）联合法，将以上方法联合使用。即将现有沥青路面表面进行冷刨或铣刨，处理冷刨表面，并加铺含有冷刨层或铣刨层的材料（RAP）热拌沥青混合料。也可以用 HIR、CIR、FDR 处理表面等。

我国的沥青路面再生技术主要可分为热再生和冷再生两大类，其中热再生技术又分为就地热再生和厂拌热再生，冷再生技术又分为就地冷再生、厂拌冷再生和全深式再生。不同的废旧沥青混合料可以选用不同的再生利用方法，自然也就会得到不同的技术经济效益。技术人员应根据具体的实际情况，选择效益最优的再生利用方法。各种方法具体介绍如下：

（1）就地冷再生技术

就地冷再生技术无须加热等过程，只需添加一些再生剂和新骨料就可以完成对原来的路面材料的重新铺设。其具体的工艺流程如下：利用专用再生机械在现场对旧路面沥青面层或部分基层材料进行铣刨、破碎，加入适当新骨料或细骨料和外掺剂（水泥、石灰、粉煤灰、水等）充分拌和、整平和预压，再由压路机进一步压实，作为新结构的基层（或底基层）被重新利用，如图 5.4 所示。这种冷再生技术主要用于高等级公路路面基层或底基层的翻修或重修。由于无须运输废旧沥青混合料，因此也节省了大量的运输费用。

根据国外的施工材料介绍，同在旧铺层上加铺新料的翻修方法相比，浅层就地冷再生技术约可降低翻修成本20%，深层就地冷再生技术约可降低翻修成本40%，提高旧路等级，可以通过基层承载力的提高从根本上实现道路等级的提高，这一点对低等级公路的改造尤其有特殊的意义。

图5.4　沥青路面就地冷再生

（2）厂拌冷再生技术

厂拌冷再生技术是将旧沥青路面材料运回搅拌厂，破碎、筛分后作为稳定土的骨料，根据对旧沥青组分的分析结果和旧矿料的筛分结果，加入适量的水泥或石灰、粉煤灰、乳化沥青等一种或多种再生剂和新骨料进行拌和，然后将达到各项指标的拌合料运往现场，用于铺筑。厂拌冷再生技术得到的冷再生混合料的使用品质与沥青碎石基层接近，具有柔性好以及模量与沥青混凝土面层接近、路面受力更加均匀等特点，既可以有效地防止半刚性基层开裂的问题，又可以克服全厚式沥青路面造价高的弊端。此方法主要用于高速公路、一级公路上下基层，甚至下面层或低等级公路下面层，但在实际工程中，基层很少进行大规模翻修，少量底基层修补又难以压实，市场空间相对较小。

厂拌冷再生利用技术无须对原有路面的基层进行翻挖、填埋等处理，也不存在旧路材料的弃置、堆放等问题。这种方法对于不能进行热再生回收的旧料，譬如改性沥青混合料以及老化严重难以再生的混合料，可以有效解决旧料废弃和环境污染问题。此外，此法可100%利用RAP，不需要加热，从而节约大量的燃油，还可减少新骨料的开采、加工和运输过程中的能耗。

（3）就地热再生技术

就地热再生也称热表面再生，是通过现场加热、翻耕、混拌、摊铺、碾压等工序，一次性实现就地旧沥青混合料路面再生，具有无须运输、工效高等优点。

主要用于修复沥青路面的表面病害。其具体的工艺流程为：先用路面再生机对旧路面进行加热使其软化，然后将收集到的废旧沥青混合料放到再生主机机组的连续搅拌机内，加入新沥青和一些新骨料，充分搅拌后传递到机组的摊铺机上，用于摊铺，最后压实即可。

就地热再生技术的特点如下：

①改进了工艺，减少了施工程序；

②废料可就地再生利用；

③修补速度快，周期短，质量高；

④工程成本低，节省造价，就地摊铺的施工方式也使运输费用得到了大幅度的降低，适用于不能长时间封闭的公路和城市内的主干道路；

⑤施工过程中造成的噪声污染比较小。

（4）厂拌热再生技术

厂拌热再生是利用旧沥青路面回收料与新骨料和新沥青及再生剂拌制而成的沥青再生混合料的一种方法。其具体工艺流程为：先将旧沥青混合料路面铣刨后运回工厂，将破碎、筛分后的废旧沥青混合料按设计配比混合，加热到130～150℃，并根据旧料级配、旧料沥青的各项指标，如沥青含量、沥青老化程度、碎石级配等，添加适量的再生剂、新骨料和沥青进行拌和，经过充分拌和且达到规范要求的各项指标后，运往施工工地进行铺筑。国内外的经验证明，此方法可以用于品质较好的废旧沥青混合料的再生利用，充分利用了废旧沥青混合料的骨料和所含有的老化沥青，具有良好的社会和经济效益。经过合理材料设计和工艺制备的厂拌热再生沥青混凝土性能可以达到甚至超过普通热拌沥青混凝土，可广泛地铺筑高等级公路的各个层次，主要用于高速、一级公路的中、下面层及基层，以及二级以下公路的面层。

与就地热再生相比，厂拌热再生方法，一方面，由于有精确的计量、筛分控制装置，能够保证配合比的精度，从而得到较好的旧沥青混合料的再生质量。另一方面，厂拌热再生方法能够在再生面层之前，对破坏的基层进行补强，故又可用于基层损坏路面的处理。

沥青路面的再生技术的有效应用，有很多优点：

①废旧沥青材料会对环境造成严重的污染，大量堆积会降低土地使用效率，如果能够实现废旧沥青混合料的再生，就能够解决这些问题，对土地资源进行有力保护；

②可以有效缓解自然资源匮乏的问题，有利于促进节约型社会的形成；

③充分应用废旧沥青混合料，能够有效实现再生功能，降低矿料使用量，对于砂石匮乏的地区的积极作用尤为突出；

④对于废旧路面材料的回收和再利用，可以有效降低路面的养护支出费用；

⑤新的沥青路面的制作需要对其进行熔化，在整个加热工序中，会产生有毒气体，从而对操作者的健康造成不利影响。而再生技术的能源消耗不高，施工中产生的毒气量较小，对人体的危害也大大降低。

（5）全深式冷再生技术

采用全深式冷再生设备对沥青面层及部分基层进行就地翻松，或是将沥青层部分或全部铣刨移除后对下承层进行就地翻松，同时掺入一定数量的新骨料、再生结合料、水等，经过常温拌和、摊铺、碾压等工序，一次性实现旧沥青路面再生的技术。再生结合料可以为乳化沥青、泡沫沥青、水泥或石灰。如采用水泥或石灰作为再生结合料，则铣刨深度内沥青层厚度比率宜小于 50%。

全深式冷再生适用于一、二、三、四级公路沥青路面面层和部分基层的再生利用，也可用于高速公路路面基层的冷拌再生利用。全深式冷再生混合料根据其实际性能和工程需要，可用于高速公路的沥青路面基层、底基层，一、二级公路沥青路面的下面层及基层、底基层，以及三、四级公路沥青路面的面层。当用于三、四级公路上面层时应采用稀浆封层、碎石封层、微表处等作上封层。

5.3　废旧沥青路面材料的资源化再生产品

根据《2018 年交通运输行业发展统计公报》，截至 2018 年末全国公路总里程 484.65 万 km，其中高速公路里程 14.26 万 km。我国 90% 以上的高速公路和大部分高等级公路均采用沥青路面。当路面损坏到一定程度时就要进行养护维修，由此将产生大量的废旧沥青铣刨料。据统计，我国每年产生的废旧沥青料高达 2.3 亿 t，受再生技术和设备的影响未能得到充分利用，造成很大浪费和环境污染。如何让这些废旧沥青铣刨料变成资源化再生产品高价值应用于道路建设工程是社会关注的热点问题。

再生沥青混合料（图 5.5）就是一种废旧沥青的资源化再生产品，它是指在生产过程中将废旧的沥青路面经过翻挖、铣刨后，运回加工厂，利用破碎机集中破碎，再根据路面不同层次的质量要求，进行配比设计，然后确定废旧沥青混合料的添加比例，最后与再生剂、新沥青材料等原材料按一定比例重新拌和，从而生产出优良的再生沥青混合料，重新用于铺设路面。就目前从技术和经济效益方面而言，再生沥青混合料是废旧沥青资源化利用的最主要产品，与以往传统的道路养护中纯粹使用新材料相比，该技术可以将道路养护时对破损路面铣刨后的废旧材料进行再利用，变废为宝，降低了养护成本，还减少了废旧材料中沥青的渗漏污染和废渣粉尘的排放，减少了其对环境的污染。

图 5.5　再生沥青混合料

目前，长沙市废旧沥青路面材料再生产品以再生沥青混合料为主，每年回收的废旧沥青已基本实现资源化利用，转化为再生沥青混合料投入工程应用中。同时，在长沙市住房和城乡建设委的积极引导与推动下，正加大力度研究其他的再生产品，以追求获得更大的社会效益与经济效益。

5.4　废旧沥青在城市建设中的工程应用

废旧沥青的再生技术使得大量沥青材料重新被利用，在城市建设的发展过程中起到了非常重要的作用。废旧沥青材料的再次利用可以节约大量的资源，为建造单位节约资金。同时大量废旧沥青材料的堆放会给环境保护带来很大压力，废旧沥青材料的再次利用能够减小其对环境的影响，为国家资源的利用和环境保护做出贡献。

5.4.1　长沙市

长沙市废旧沥青资源化利用的主要产品为再生沥青混合料，有关部门和企业将这一再生产品大量应用于道路建设中取得了很好的效果。

（1）宁乡县金洲大道

宁乡县金洲大道（图 5.6）是长沙市第一条全结构再生道路。金洲大道是长沙城区和宁乡县相通的主要交通干道，自 2006 年正式建成通车后，经过 10 年岁月的洗礼，路面出现大面积龟裂、沉陷等病害，严重影响了车辆通行。2016 年对金洲大道历泉路口至金洲大桥东段全长 2.3km 路面进行大修，工程项目采用再生沥青和再生水稳技术，对旧材料实现 100% 的循环再利用。这是一条真正意义上全结构全再生路面，从垫层、水稳底基层到基层、沥青层，全部使用再生材料，在提升道路品质的同时实现了资源再生的目标，是宁乡县首次在道路路面施工过程中采用再生技术。

图 5.6　宁乡县金洲大道

（2）黑石铺湘江大桥桥面大修项目

2003 年建成的黑石铺湘江大桥（图 5.7），全长 3068m，是目前国内典型的悬索桥和斜拉桥结合体。经过 13 年的运营，黑石铺大桥日趋饱和的交通流量与日益增多的桥面病害，导致路况水平下降。2016 年黑石铺湘江大桥被抽选为国家公路检查湖南省唯一的一座桥梁，但很难达到国检要求，启动维修工程迫在眉睫。在维修过程中利用先进的沥青再生技术，对黑石铺大桥经过铣刨的路面进行回收再处理，将再生产品作为路面材料进行再次利用，同时对黑石铺大桥重铺 SMA-13 沥青路面。克服了黑石铺大桥桥体变形大、材料质量要求苛刻、层间粘结、桥面铺装需协调变形的技术难关。在 2016 年度的全国公路大修检查评比中，"黑石铺桥"桥面大修项目获得全国第一名。

图 5.7　黑石铺湘江大桥

5.4.2　株洲市

醴潭高速公路主线全长 72.391km，起于湘赣两省交界处的醴陵金鱼石，东与上瑞线江西段相接，西止于长潭高速公路殷家坳互通收费站，与潭邵高速公路和京珠高速公路交会。醴潭高速公路是全国交通量最大的高速公路之一沪昆线的一段，自 2007 年 10 月建成通车以来，重车多，超载现象严重。至 2014 年，全线路面特别是行车道出现大量的车辙、沉陷等路面病害，致使路面养护工作难以为继，已严重影响通行能力和行车安全。株洲市将 4cm 厚的厂拌热再生沥青混合料 AC-13C 用于表面层中修重铺，总面积达 343200m²，在国内首次运用厂拌热再生进行高速公路沥青表层施工。醴潭高速的实践初步验证了国外历经数十年得到的结论，即通过有效的质量控制，厂拌热再生沥青路面的各项试验和检验指标可以达到普通全新沥青路面的技术和质量标准。

5.4.3　湘潭市

潭邵高速公路是湖南省第一条高速公路全结构再生项目。潭邵高速公路全长220.1km，于 2002 年 12 月建成通车，是沟通我国东部沿海与中西部内陆地区重要的过境通道，同时承担了湘东地区往来湘中、湘西主要的交通流量。由于车流量的加大以及重载车辆的数量日益增多，致使道路的服务水平、通行能力以及安全性急剧下降。潭湘大修项目一期工程共计沥青路面长达 56km，设计有厂拌冷再生、厂拌热再生路面。潭邵高速公路的大修，立足与旧路面材料 100% 的资源化循环再生利用，其中厂拌冷再生的旧路面材料的使用率达到了 80% 以上，厂拌热再生的旧路面材料的使用率达到 30% 以上，再生路面的施工质量符合国家标准，路面均匀美观，是我国在再生沥青资源化利用方面的一项典范工程，如图 5.8 所示。

图 5.8　潭邵高速公路

5.4.4　北京市

2001 年北京市投资引进一套再生沥青生产设备，并于同年 10 月在羊坊店路铺筑了第一条再生沥青试验路。2002 年将再生沥青混合料应用于二环路改造工程中。2010 年北京市完成了"北京市废旧沥青混合料再生利用技术与标准研究"，2019 年发布了北京地方标准《沥青路面厂拌冷再生技术规范》（DB11/T 1634—2019）。据统计，北京市每年产生的 RAP 约 200 万 t。《北京市"十三五"交通发展建设规划》明确提出进一步提升道路工程项目中节能环保材料使用和路面旧料循环利用水平。

北京市昌金路改造工程是乳化沥青冷再生技术在北京市的首次应用，昌金路连接北京昌平区与平谷区金海湖，路线为东西走向，将昌平区、顺义区和平谷区紧密相连，全长 10.2km，由北半幅的改建段和南半幅的新建道路路段两部分组成。昌金路改造工程采用乳化沥青冷再生技术，以降低生产成本和环境污染，使用乳化沥青冷再生混合料共计 2500t，100% 使用废旧沥青路面材料。工程现场路面平整密实，未发现裂缝、松散，芯样完整，路面整体使用性能良好。

北京顺义区白马路东延工程使用乳化沥青冷再生技术，该试验路段是继北京市昌金路大修工程应用乳化沥青冷再生技术之后又一成功案例，也是北京地区第一个大面积应用厂拌乳化沥青冷再生混合料的新建道路工程。白马路位于北京市顺义区，是工业园区的重要主干道之一，道路全长约 13.1km，为一级公路，道路采用 2 幅路断面形式，两侧路面各宽 11.25m，中央隔离带宽 6m，路基宽 30m，红线宽 60m，设计速度 80km/h。乳化沥青冷再生技术具有沥青用量少、沥青与骨料间粘结力强、节省燃料、使用方便、缩短工期、延长可施工季节等特点，同时还能够改善施工条件，减少环境污染。该试验路段各项路用指标经检测完全达到了设计要求，得到了相关单位的领导和专家的高度认可。

5.4.5　上海市

上海市政局通过发布《上海市旧沥青混合料热再生利用管理规定》《关于本市第一批定点收集沥青混合料进行热再生利用企业名单的通知》《热再生沥青路面施工及验收规程（试行）》对沥青路面再生行业进行了规范管理。

上海率先在全国推广应用就地热再生技术。上海于 2003 年对沪宁高速公路上海段路面施行了大面积的沥青路面就地热再生修复，面积达到 20 万 m^2，施工方法为再生重铺法，取得了良好的使用效果。相关研究成果与经验被编入原市政局《热再生沥青路面施工及验收规程（试行）》（SZ-23—2002），成为全国最早的有关就地热再生技术的地方性施工及验收规程，是上海地区推广应用就地热再生路面技术的规范性文件。

蒸俞公路是一条上海市连接浙江省嘉善的省际公路，公路等级为县道三级，全长 1.67km，沥青路面车行道宽 7m。2007 年采用乳化沥青半柔性就地冷再生新技术，对蒸俞公路实施大修，蒸俞公路也成了上海地区道路工程首次采用水泥乳化沥青半柔性就地冷再生技术的试验路。从 2007 年开始，除蒸俞公路外，试用水泥乳化沥青半柔性新技术还先后成功应用于华青路、沪南公路等试验路。2008 年又扩大试用范围，先后成功应用于外青松公路、朱枫公路、北青公路、嘉松公路、城中东西路以及月罗公路、沪南公路、沪宜公路项目，计 38.62km，54.6 万 m^2。

2014 年在四平公路、团青公路和新林公路试验段采用大掺量的 RAP（50%）AC-13C、AC-25C 型再生沥青混合料，试验段在之后的通车过程中表现良好，未出现任何病害。

2012 年上海 S6 高速公路新建工程进行了冷再生混合料试验路段施工及检测，该试验段是上海在冷再生工程实践上的又一次新的探索。在之后的现场取芯检测中，试样也符合相关规范的规定。

5.4.6　深圳市

机荷高速公路是国道主干线 G15 沈海高速公路的组成部分，是深圳市公路网中一条重要的东西向快速干道，起于深圳宝安国际机场，终点在深圳市横岗镇荷坳村，全长 44.31km，设计时速为 100km/h。机荷高速公路是我国第一条山岭重丘区六车道高速公路，工程分东、西两段先后建设，于 1995 年 10 月全面开工。东段从福民至荷坳，于 1997 年 10 月 31 日建成通车；西段从宝安机场至福民，于 1999 年 5 月建成通车。经过多年的通车使用，出现了沥青层老化，并出现了车辙、裂缝等多种病害。对机荷高速公路采用就地热再生复拌加铺工艺进行大修，东段于 2013 年 1 月全线施工结束通车，西段于 2014 年 3 月全线施工结束通车。通车 3 年后，全路段公路技术状况指数 MQI 双向（上下行）平均值为 93.1，路面使用性能指数 PQI 双向（上下行）均值为 93.5，路面破损状况指数 PCI 双向（上下行）均值为 97.3，路面行驶质量指数 RQI 双向（上下行）均值为 91.3，路面车辙深度指数 RDI 双向（上下行）均值为 0.8，路面抗滑性能指数 SRI 双向（上下行）值为 92.0。总体评定，上述指数等级全部为优。按《广东省公路养护工程预算编制办法》《广东省公路养护工程预算定额》（粤交基〔2009〕1350 号）《深圳建设工程价格信息》（2013 年第 4 期）测算出的数据，采用传统工艺的综合单价约为 88 元/m²，而机荷高速公路采用就地热再生工艺的实际单价约为 60 元/m²。由此推算，采用就地热再生工艺施工整个工程造价可节省 30%左右。

5.4.7　济南市

2018 年济南市在济菏高速公路上做了一次重要的创新尝试，使用就地热再生技术，一次性实现旧沥青混凝土路面循环再生利用，只需添加少量新料，就能完成高速公路的修复。这是济南市首次在高速公路上使用这项新技术。与传统的养护方式相比，该技术不用铣刨路面，不产生建筑垃圾，只需对路面进行现场加热、耙松、添加外加材料、拌和、摊铺、碾压等工序，一次性实现旧沥青混凝土路面 100%原价值就地循环再生利用，具有经济、环保、优质、高效等特点。经权威部门测算，应用就地热再生养护工艺，碳排放量不到传统工艺的 10%，且能做到零污染，不给空气添"霾"，完全符合交通运输部关于全面深入推进绿色交通发展的意见中的"推广应用节能环保先进技术""促进资源综合循环利用"等要求。

5.5 本章小结

本章主要介绍了废旧沥青路面材料的资源化利用现状，相关废旧沥青路面材料资源化利用技术，所生产的相关再生产品及其在工程中的应用，解读了目前国内有关废旧沥青路面材料资源化利用的技术。从湖南省长沙地区的废旧沥青路面材料资源化利用现状与先进技术、政策，引出了全国废旧沥青路面材料资源化利用情况。

湖南省长沙市在废旧沥青路面材料资源化方面，采用政府搭建平台，结合高校、研究所以及企业进行共同合作开发，使废旧沥青路面材料得到较好的资源化利用，利用率也相对较全国平均水平高，同时，废旧沥青路面材料资源化利用在实际工程中，也具有较为典型的工程应用。

我国的废旧沥青路面再生技术主要可分为热再生和冷再生两大类，其中热再生技术又分为就地热再生和厂拌热再生，冷再生技术又分为就地冷再生、厂拌冷再生和全深式再生。不同的废旧沥青混合料可以选用不同的再生利用方法，自然也就会得到不同的技术经济效益。现阶段，废旧沥青的资源化再生产品主要是再生沥青混合料，这些再生产品在城市建设的发展过程中起到了非常重要的作用，不仅可以节约大量的资源，保护环境，而且可以为建造单位节约资金。

第6章 城市废弃物资源化利用
相关政策法律法规体系

近些年来，我国建筑垃圾已逐渐形成"围城"之势，并且相关政策法律法规较少。国家当前的一系列法律法规，更多地聚焦于建筑垃圾对城市环境的影响以及市容整治工作的困难，涉及建筑垃圾循环利用的问题较少。

本章首先对发达国家城市废弃物管理制度、法规及相关技术措施的差异性以及造成差异性深层次的原因进行分析，通过对比初步得出我国应汲取的经验。然后从我国现行的几个地方城市废弃物资源化利用相关条例与办法入手，进行对比分析，探索我国未来建筑垃圾资源化的发展走向。最后把前面所探讨的结论与各城市废弃物管理和利用现状进行结合，从而给我国各地方城市在建筑垃圾的资源化利用方面的发展提出一些建议。

6.1 国外相关政策法规体系

6.1.1 德国

6.1.1.1 法律法规

欧盟各国建筑废弃物的资源利用率为惊人的75%，可归为以下三个原因：

（1）各国都有从处理到利用完备的强制性法律法规，形成了一个良好的体系；

（2）技术水平先进，加工后的废弃资源能够满足再次使用的要求；

（3）公众具有这种建筑废弃物再利用的意识，人们能够也乐意接受再利用后的产品。

"二战"后，德国在急需清运大量废墟以及需要重建大量建筑物的双重压力下，开始踏上大规模利用建筑废弃物的道路。在60多年的时间里，德国通过处理建筑废弃物生产再生骨料达115万 m^3，使用这些再生产品修建了几十万间房间。德国早在20世纪70年代就开始逐步改进建筑垃圾资源化的相关法律制定，于1972年颁发了首部环境保护的法令——《废弃物处理法》。1994年，德国联邦政府颁布实施了首部综合性的发展循环经济的法律——《循环经济和废物处置法》，该法的第一条就明确提出："加强对废弃物的处理，落实循环经济理念在发展经济中的实际应用，确保自然资源在得到开发利用的同时受到应有的保护。"1998 年，根据《循环经济和废物处置法》，德国政府对《包装法令》进行修改，提高了包装行业的重复利用率，在一定程度上使循环经济往前迈出了一大步。1999 年颁布的《垃圾法》《联邦水土保持与旧废弃物法令》、2001 年出台的《社区垃圾合乎环境保护放置及垃圾处理场令》以及 2002 年颁布的《持续推动生态税改革法》都是德国发展废弃物资源化再利用的体现。表 6.1 为德国关于城市废弃物资源化利用的法规。

表 6.1　德国关于城市废弃物资源化利用的法规

法规名称	制定颁布时间
《废物处理法》	1972 年
《循环经济与废物清除法》	1994 年
《垃圾法》《联邦水土保持与旧废弃物法令》	1999 年
《社区垃圾合乎环保放置及垃圾处理场令》	2001 年
《持续推动生态税改革法》	2002 年

6.1.1.2　技术体系

德国采用了发达国家常用的建筑垃圾分离处理技术，通过干馏燃烧垃圾处理工艺，使建筑垃圾中的各类原料得以分离，从而使垃圾得以再利用。同时，为确保建筑废弃物在资源化后仍然可以进行加工利用，强制性标准 RAL 的出台标志着德国的再利用产品必须满足三个要求：（1）RAL 的质量标准；（2）政府部门的质量验证；（3）拥有合格的再资源化产品标志。表 6.2 为德国关于循环建筑材料质量保护的标准。

表 6.2　德国关于循环建筑材料质量保护的标准

标准名称	制定颁布时间
《垃圾焚烧灰渣标准》（RAL-RG501/3）	1996 年 1 月
《受污染土壤、建筑材料和矿物材料再利用加工标准》（RAL-RG501/2）	1998 年 2 月
《限定的非受污染泥土再利用处理标准》（RAL-RG501/4）	1998 年 5 月
《公路循环材料标准》（RAL-RG501/1）	1999 年 8 月

6.1.2　美国

美国是城市废弃物资源化利用这一领域的先行者，其法律法规和实际操作等方面早已构建出了一套切合其国情的应用体系。据统计，美国所产生的城市垃圾年均达 8 亿 t，建筑垃圾占 3 亿多吨，其比重达城市垃圾总量的 2/5，经加工转化后，建筑垃圾的资源化利用率约占 70%。美国建筑垃圾的综合利用基本可以分成三大等级：其中，第一级为"低级利用"，例如现场分拣利用和一般性回填，这种再利用方法约占 50% 以上；第二级为"中级利用"，目前较为普遍的是用作房屋或公路的工程填充性材料，建筑垃圾在经过回收利用后制成各类建筑砖材，这种再利用也占到了建筑垃圾总利用量的 40% 左右，美国各大中城市为此专门建立了建筑垃圾处理工厂来就近处理本地所产生的建筑垃圾；第三级为"高级利用"，试图将其应用于更为急需的水泥、沥青等工程材料，但这种利用目前占比较少。

1965 年至 1996 年，《固体废弃物处置法》从颁布之初历经五次大的修正完善，制定了包括信息公开、报告、资源再生、再生示范、科技发展、循环标准、经济刺激与使用优先、职业保护、公民诉讼等固体废弃物循环利用的一系列法律条文。完备的法律法规体系从源头上减少了城市废弃物的产生，为其后城市废弃物的资源化利用提供了强有力的保障，并进一步提高了城市废弃物的再利用率。同时，美国大部分州都制定了各州的再生骨料相关规范，这些标准规范对提高城市废弃物再生产品的质量起到了重要作用。

6.1.3　日本

6.1.3.1　法律法规

日本是一个极度缺乏资源并且重视环境保护的国家，因此在资源循环利用方面起步较早，技术较为成熟。从 1960 年至今，日本通过颁布实施一系列相关强制性的法律法规和标准，极大地促进了建筑垃圾的回收利用，为建筑垃圾回收再利用的发展提供了强有力的保障。从"基本法""综合法""专项法"三大方面颁布了一系列城市废弃物利用的相关法律法规，其法律之全面，堪称全世界在环境保护领域尤其是城市废弃物利用领域立法最为完善的国家。

（1）基本法

1967 年 8 月，颁布了第一部环境基本法——《公害对策基本法》。该法明确提出了经济发展的前提是公民健康和良好的生活与经济发展相协调。

（2）综合法

2000 年 6 月，日本颁布了《循环型社会形成促进基本法》。这个法案的出台标志着日本在废弃物减量化、资源化等领域的技术和法律方面又迈进了一大步。

（3）单项法

日本于 1970 年制定了《废弃物处理法》、1991 年制定了《再生资源利用促进法》、1998 年制定了《容器包装循环法》、1998 年制定了《家电循环法》等。通过颁布实施强制性的法律条文，日本彻底贯彻了循环经济的理念，从而形成了全面完备的法律体系，为日本改善环境质量以及维持经济的高速持续发展提供了法律保障。日本关于城市废弃物循环再利用的相关法规见表 6.3。

表 6.3　日本关于城市废弃物循环再利用的相关法规

法规名称	制定颁布时间
《有关废弃物处理和清扫的法律》（或称《废弃物处理法》）	1970 年
《再生资源利用促进法》	1991 年
《建设副产品对策行动计划》	1994 年
《容器包装循环法》	1995 年
《建设再循环推进计划 97》	1997 年 10 月
《建设再循环指导方针》《家电循环法》	1998 年
《建设工程用材的再资源化等有关法律》（简称《建设再循环法》）	2000 年 5 月
《循环型社会形成促进基本法》（简称《基本框架法》）、《资源有效利用促进法》《食品废弃物再生法》	2000 年
《促进废弃物处理指定设施配备》	2001 年
《建筑再利用法》《绿色采购法》	2002 年

6.1.3.2　技术体系

在发展城市废弃物资源化利用技术方面，日本鼓励各个高等院校、会社、科研单位进行合作研发，为企业的废弃物再生、循环利用等提供技术上的支持，并通过颁布实施强制性的法律法规对再生产品质量标准进行了严格的规定，制定了一系列相关标准，如《再生骨料和再生混凝土使用规范》《推进建筑副产物正确处理纲要》等。

6.2　国外相关政策法律法规的对比分析与建议

各个国家在制定城市废弃物利用的相关政策法律法规时，由于其不同的国情，在相关领域的政策法规都有其差异所在。但是总的说来无非两个方面：一是相关领域的法律法规；二是相关领域的技术标准规范。对上述国家的这两个方面进行深入比较和分析，我们可以得到以下结论。

6.2.1　相关法律法规分析

表 6.4　主要发达国家关于城市废弃物资源化利用的相关法律法规

国家	法规名称	主要内容
德国	《废物处理法》《垃圾法》	回收利用的主要责任人应为城市废弃物的产生者或拥有者；处理城市废弃物应当首先考虑进行循环再利用；垃圾需分类保存和处理
美国	《固体废弃物处置法》《超级基金法》	城市废弃物的资源化利用是全周期全环节的管控；任何生产有城市废弃物的企业，都应当注重控制并减少城市废弃物的产生
日本	《废弃物处理法》《资源有效利用促进法》《建筑再利用法》	落实了在建筑废弃物生产与回收利用的过程中的主体责任人对各个环节所负职责；制定了一系列城市废弃物再生产品的利用和处置标准规范

（1）相同点

德国、美国和日本都为城市废弃物资源化利用制定了较为完备的法律法规体系，在建筑废弃物的分类处理、权利责任的划分、再生材料的质量以及使用方面都有明确的法律法规，给予了国家在城市废弃物资源化利用方面一个良好的技术研发与实际应用环境，从而极大地推动了城市废弃物资源化利用领域的发展。

（2）不同点

相比于德国和美国，日本对城市废弃物资源化利用法律法规的规定更为严格和细致。其法规条文对环保的要求非常细致，对"建筑副产品"的分类就达二十多种，并且对应于各类不同"建筑副产品"的法律条文都不尽相同。日本细致的法律也是其建筑废弃物资源化再利用率几乎达到 100% 的一个重要原因。

6.2.2 相关技术标准规范分析

各国关于城市废弃物资源化再利用的技术体系见表 6.5。

表 6.5 各国关于城市废弃物资源化再利用的技术体系

技术系列	国家	主要内容
建筑垃圾减量化设计	德国	发布 "RAL" 的强制性标准
	美国	从规范到政策、法规，从政府控制措施到企业的行业自律，从建筑设计到现场施工，从各方面限制建筑垃圾的产生
	日本	明文要求建筑师在设计时必须考虑建筑在 50 年或 100 年后拆除时的回收效率，建造者在建造时应当选用可回收的建筑材料和方法
建筑垃圾分离处理	德国	干馏燃烧垃圾处理工艺
	美国	建筑垃圾分级评估、再利用质量控制等技术规范标准
	日本	对建筑垃圾进行严格的分类，不同的类别都有较为成熟的处理方案和技术
再生骨料利用技术	德国	利用碎混凝土和砖块生产出砖石混凝土砌块技术
	美国	有关混凝土再生骨料的相关标准规范
	日本	废旧混凝土砂浆和石子的分离再生技术

（1）相同点

为了更好地推广和使用建筑废弃物再生材料，三个国家都为再生材料的加工和使用制定了较为完备的规范标准。例如，日本于 1994 年颁布实施的《再生骨料及再生混凝土的使用标准》，德国建立了 "RAL" 的强制性标准等，用以确保城市废弃物资源化后仍然可以再利用。

（2）不同点

在规范规定方面，相比于美国，德国和日本都制定了非常系统的再生产品标准。就拿日本来说，日本不仅对再生骨料有细致的分类，还颁布实施了《混凝土再生骨料》（高品质）国家标准（JIS A5021）、《使用再生骨料的混凝土》（中品质）国家标准（JIS A5022）和《使用再生骨料的混凝土》（低品质）国家标准（JIS A5023），给再生材料提供了详细的技术规范。德国在建筑废弃物再生利用的相关标准规范中不但对砂浆和混凝土等的再生骨料标准进行了界定，而且规定回收骨料的使用标准应当按混凝土的暴露环境分类。

6.2.3　国外相关行业的现状对我国的启示

国外发达国家对于城市废弃物资源化利用的方法既有相似性，也有不同的地方。其相似性大概可归为三点：

（1）都颁布实施了相关的强制性的法律法规，建立了较为完备的相关技术的法律体系，为其发展提供了保障；

（2）政府采用一些经济性和优惠政策来鼓励和引导再利用技术的发展，同时让再生产品形成完善的市场产业链；

（3）注重培育本国公民的环保意识，让民众也愿意接受资源化再利用后的产品。而不同的地方主要在于不同的国家对上述三点的侧重程度不一样。

因此，对于我国而言，我们既要学习国外的先进之处，同时也要认清我国国情，做到以下几点：

（1）与日本和德国企业严格遵守法律规定的国民性不同，我国很多企业总是抱着侥幸的心理，为了节省成本赚更多的钱而将建筑废弃物随意丢弃。并且我国对于违犯相关法律的行为惩罚较轻，对于大多数企业的震慑力太小，很难起到"强制性"的作用；

（2）我国是个制造业大国，具有较强的研究水平和经济能力，有能力研发和发展自己的再利用设备，从而提高我国建筑废弃物资源化再利用的水平。但是，现阶段，我国建筑废弃物再利用产业并未形成较为完善的产业链，这也是限制我国相关行业发展的主要原因之一。因此，现阶段我国需汲取美国、日本的成功经验，对从事城市废弃物资源化利用的企业加以扶持，为其提供财政补贴或者优惠贷款，并积极推动再生产品市场产业链的形成与完善，为其培育良好的发展空间与发展环境，从市场的层面进一步推动我国城市废弃物资源化利用领域的发展；

（3）目前我国公众和企业的环保意识都不强，对资源化再利用后的产品接受度较低，从而导致相关行业很难发展，进而增加了我国环境保护的成本。所以，我国政府应当利用媒体、学校、社区等媒介开展宣传教育，提高公众的环保意识以及对再生产品的接受度。

6.3　我国相关政策法律法规体系及分析

我国在城市废弃物资源化利用领域起步较晚，技术较为落后，相关的政策法律法规体系并不完善，与世界一些发达国家相比还有很大的差距，但我国从不懈怠，一直努力发展相关领域。近些年来，随着越来越多的相关法律法规的出台以及相关标准规范的进一步细化，我国在相关领域与世界领先水平的差距正逐步缩小，国内的城市废弃物资源化利用领域已成星火燎原之势。

6.3.1 我国相关政策法律法规体系

2003 年 1 月 1 日实施的《中华人民共和国清洁生产促进法》中指出：县级以上地方人民政府应当发展循环经济，促进企业在资源和废物综合利用等领域进行合作，实现资源的高效利用和循环使用。

2005 年，建设部颁布实施的《城市建筑垃圾管理规定》指出：建筑垃圾处置要遵循减量化、资源化、无害化和谁产生、谁承担处理责任的原则；国家鼓励建筑垃圾综合利用，鼓励建设单位、施工单位优先采用建筑垃圾综合利用产品。

2008 年，财建〔2008〕677 号《再生节能建筑材料财政补助资金管理暂行办法》中指出：国家财政将安排资金专项用于支持再生节能建筑材料生产与推广利用。

2009 年实施的《中华人民共和国循环经济促进法》指出：（1）对工程施工中产生的建筑废物进行综合利用不具备综合利用条件的，建设单位应当委托具备条件的生产经营者进行综合利用或者无害化处置。（2）省、自治区、直辖市人民政府可以根据本地区经济社会发展状况实行垃圾排放收费制度；国家实行有利于循环经济发展的政府采购政策。

2011 年发展改革委颁布的《"十二五"资源综合利用指导意见》和《大宗固体废物综合利用实施方案》指出：要把建筑废弃物列为资源利用的主要内容之一。

2013 年，国务院发布的《循环经济发展战略及近期行动计划》指出：要推进建筑废物资源化利用。推进建筑废物集中处理、分级利用，生产高性能再生混凝土、混凝土砌块等建材产品。因地制宜建设建筑废物资源化利用和处理基地。

2015 年，发展改革委印发的《2015 年循环经济推进计划》中指出：要深入实施绿色建筑行动，重点推进建筑垃圾的资源化利用，开展建筑垃圾管理和资源化利用试点省建设工作。

2016 年，国务院发布的《国家重点支持的高新技术领域（2016 年）》和《"十三五"国家科技创新规划》指出：要大力发展建筑垃圾的分类与再生料处理技术、建筑废弃物资源化再生关键技术、新型再生建筑材料应用技术等。

2016 年 2 月 6 日，国务院发布的《中共中央国务院关于进一步加强城市规划建设管理工作的若干意见》指出：推进城市智慧管理。加强城市管理和服务体系智能化建设，促进大数据、物联网、云计算等现代信息技术与城市管理服务融合，提升城市治理和服务水平。加强市政设施运行管理、交通管理、环境管理、应急管理等城市管理数字化平台建设和功能整合，建设综合性城市管理数据库。

2016 年 9 月 30 日，国务院发布的《国务院办公厅关于大力发展装配式建筑的指导意见》指出：大力推广装配式建筑，节约了资源能源、减少施工污染、提升了劳动生产效率和质量安全水平。

2016 年 10 月 25 日，科技部发布了《"绿色建筑及建筑工业化"重点专项2017 年度项目申报指南》，文件中指出了考核目标：（1）建筑垃圾资源化率98%以上；实现建筑垃圾处置成套装备国产化，处置能力大于 300t/h（综合产能），连续满负荷无故障运转 168h 以上，杂物分选率大于 99%。（2）开发建筑垃圾再生绿色建材系列产品，建筑垃圾再生混凝土制品抗压强度达到 30MPa，高品质装饰混凝土制品抗弯强度大于 18MPa。（3）透水制品透水系数大于 0.1cm/s。

2017 年 1 月 5 日，国务院发布的《"十三五"节能减排综合工作方案》明确指出：要组织实施园区循环化改造、资源循环利用产业示范基地建设、工农复合型循环经济示范区建设、京津冀固体废弃物协同处理，推进生产和生活系统循环链接，构建绿色低碳循环的产业体系。

2017 年 3 月 1 日，住房城乡建设部颁布实施的《建筑节能与绿色建筑发展"十三五"规划》中指出：完善绿色建材评价体系建设，有步骤、有计划推进绿色建材评价标识工作。建立绿色建材产品质量追溯系统，动态发布绿色建材产品目录，营造良好市场环境。开展绿色建材产业化示范，在政府投资建设的项目中优先使用绿色建材。

2019 年 1 月 21 日，国务院办公厅发布的《"无废城市"建设试点工作方案》要求，以创新、绿色、协调、开放、共享的新发展理念为引领，通过推动形成绿色发展方式和生活方式，持续推进固体废物源头减量和资源化利用，将固体废物环境影响降至最低。

2020 年 4 月 29 日，全国人民代表大会常务委员会第十七次会议修订通过《中华人民共和国固体废物污染环境防治法》，明确指出：国家鼓励采用先进技术、工艺、设备和管理措施，推进建筑垃圾源头减量，建立建筑垃圾回收利用体系。

国家关于城市废弃物资源化利用的法律法规汇总见表 6.6。

表6.6 国家关于城市废弃物资源化利用的法律法规汇总

序号	类别	名称	实施时间	颁布机构
1	法律	《中华人民共和国环境保护法》	1989.12.26	国务院
2		《城市固体垃圾处理法》	1995.11	国务院
3		《中华人民共和国清洁生产促进法》	2003.01.01	国务院
4		《中华人民共和国固体废物污染环境防治法》	2005.04.01	国务院
5	法律	《中华人民共和国节约能源法》	2008.04.01	国务院
6		《中华人民共和国循环经济促进法》	2009.01.01	国务院
7		《中华人民共和国可再生能源法》	2010.04.01	国务院
8		《中华人民共和国环境保护税法》	2018.01.01	国务院
9	法规	《城市市容和环境卫生管理条例》	1992.08.01	国务院
10	部门规章	《城市建筑垃圾管理规定》	2005.06.01	建设部
11		《地震灾区建筑废弃物处理技术导则》	2008.05.30	住房城乡建设部
12		《关于建筑废弃物资源化再利用部门职责分工的通知》	2010.10.25	国务院
13	专项规划	《"十二五"资源综合利用指导意见》	2011.12.10	发展改革委
14		《大宗固体废物综合利用实施方案》	2011.12.10	发展改革委
15		《中共中央国务院关于进一步加强城市规划建设管理工作的若干意见》	2016.02.06	国务院
16		《国务院办公厅关于大力发展装配式建筑的指导意见》	2016.09.30	国务院
17		《"绿色建筑及建筑工业化"重点专项2017年度项目申报指南》	2016.10.25	科技部
18		《"十三五"国家科技创新规划》	2016	国务院
19		《战略性新兴产业重点产品和服务指导目录》	2016	发展改革委
20		《"十三五"节能减排综合工作方案》	2017.01.05	国务院
21		《建筑节能与绿色建筑发展"十三五"规划》	2017.03	住房城乡建设部
22		《全国城市市政基础设施建设"十三五"规划》	2017.05	发展改革委
23		《"无废城市"建设试点工作方案》	2019.01.21	国务院
24	优惠政策	《再生节能建筑材料生产利用财政补助资金管理暂行办法》	2008.10.14	财政部
25		《关于调整完善资源综合利用产品及劳务增值税政策的通知》	2011.11.21	财政部、国家税务总局

除了以上的法律法规，我国还针对一些特定种类的建筑垃圾颁布了一些法律

法规：

在城市污泥方面，2009 年 2 月，为推动城镇污水处理厂污泥处理处置技术进步，明确城镇污水处理厂污泥处理处置技术发展方向和发展原则，指导各地开展城镇污水处理厂污泥处理处置技术研发和推广应用，促进工程建设和运行管理，避免二次污染，保护和改善生态环境，促进节能减排和污泥资源化利用，住房城乡建设部、环保部和科学技术部联合发布了《城镇污水处理厂污泥处理处置及污染防治技术政策（试行）》（建城〔2009〕23 号）文件，其中与污泥制砖有关的要求有：（1）污泥处理处置的目标是实现污泥的减量化、稳定化、无害化；鼓励回收和利用污泥中的能源和资源。坚持在安全、环保和经济的前提下实现污泥处理处置和综合利用，达到减排和发展循环经济的目的。（2）污泥处理必须满足污泥处置的要求，达不到规定要求的（城镇污水处理厂建设）项目不能通过验收；目前污泥处理设施尚未满足处置要求的，应加快整改、建设，确保污泥安全处置。（3）污泥建筑材料综合利用是指污泥的无机化处理，用于制作水泥添加料、制砖、制轻质骨料和路基材料。污泥建筑材料利用应符合国家和地方的相关标准和规范要求，并严格防范在生产和使用中造成二次污染。

2011 年 3 月，针对城镇污水处理厂污泥大部分未得到无害化处理处置，资源化利用相对滞后的状况，为指导各地做好城镇污水处理厂污泥处理处置工作，住房城乡建设部、发展改革委共同编制并发布了《城镇污水处理厂污泥处理处置技术指南（试行）》（建科〔2011〕34 号）文件。文件要求按照《城镇污水处理厂污泥处理处置及污染防治技术政策》（试行）的要求，参考国内外的经验与教训，我国污泥处理处置应符合"安全环保、循环利用、节能降耗、因地制宜、稳妥可靠"的原则。（1）安全环保是污泥处理处置必须坚持的基本要求。（2）循环利用是污泥处理处置时应努力实现的重要目标。（3）节能降耗是污泥处理处置应充分考虑的重要因素。（4）因地制宜是污泥处理处置方案比选决策的基本前提。（5）稳妥可靠是污泥处理处置贯穿始终的必需条件。文件明确了污泥处理处置的分工，"污泥处理处置应包括处理与处置两个阶段。处理主要是指对污泥进行稳定化、减量化和无害化处理的过程。处置是指对处理后污泥进行消纳的过程。"确定了利用工业窑炉资源对污泥进行协同焚烧的处置方案，指出"利用工业窑炉协同焚烧污泥其本质仍属于焚烧，但利用现有窑炉，可降低建设投资，缩短建设周期。"

在沥青方面，国内从国家交通主管部门到行业从业者都十分重视沥青路面材料的回收再利用，究其原因，首先，我国的许多公路不得不进行大修改造，这将产生大量的沥青路面废料。2007年，交通运输部在《关于加快发展现代交通业的若干意见》中，明确了四点政策：一是改变运输发展方式，提升交通发展质量和效益；二是节约利用资源，实现集约发展；三是推进节能减排，发展清洁运输；四是促进环境保护，建设生态文明。这就是要求尽量减少消耗和占用能源资源，遵循循环经济原则，注重材料的再生利用，把政策落实到各个层面和环节。2008年8月颁布的《中华人民共和国循环经济促进法》明确要求：各行业必须遵循"减量化、再利用、资源化"的发展原则，切实做好废旧材料的循环利用工作。2009年交通运输部门发布《资源节约型环境友好型公路水路交通发展政策》，强调要集约利用资源，推进节能减排，大力发展绿色交通。2011年下发的《交通运输"十二五"发展规划》《"十二五"公路养护管理发展纲要》以及《节能减排"十二五"规划》明确要求：（1）研究推广符合资源节约、节能减排的绿色养护技术。重点推广沥青路面再生、水泥路面就地利用等废旧路面材料的循环利用技术和施工工艺，在养护施工作业中降低排放，减少对环境的影响。（2）全国公路养护废旧沥青路面材料循环利用率达到40%，国省干线公路循环利用率达到70%，其中高速公路循环利用率达到90%。2012年9月，交通运输部在《关于加快推进公路路面材料循环利用工作的指导意见》中明确提出路面材料的循环利用的保障措施、指导思想、主要任务以及工作目标。其中路面材料回收的一般原则是："精细化管理，分类利用，以确保质量和回收的价值"。技术的目标是实现三高三低：高容量，高价值，高性能，低污染，低排放，低成本。大力开展"路面材料循环利用"也是"十二五"期间我国公路养护的重点工作之一。交通运输部公路局在《关于加快推进路面材料循环利用的指导意见》中提出到"十二五"末，全国基本实现路面废旧料"零废弃"，路面废旧料回收利用率达到95%以上，循环利用率达到50%以上，其中东部、中部、西部分别达到60%以上、50%以上、40%以上。到2020年，全国路面旧料循环利用率达到90%以上。2016年颁发的《"十三五"公路养护管理发展纲要》明确指出要探索绿色发展的公路养护管理新模式，厚植资源节约、集约高效、节能减排、生态环保、自然和谐的绿色发展理念，推动公路养护管理实现高效低碳发展，推动公路养护向资源节约型、环境友好型转变。要求各地科学制订工作方案、加强路面旧料回收管理、合理选用再生技术、加强工程设计源头管理和加强工程施工管理。采取加强组织领导、加大政策扶持力度、加强技术指导和加强技术培训与交流等措施，强力推进路面材料循环利用工作。2017年在《"十三五"现代综合交通运输体系发展规划》中强调统筹规划布局线路和枢纽设施，集约利用土地、线位、桥位、岸线等资源，采取有效措施减少耕地和基本农田占用，提高资源利用效率。在工程建设中鼓励标准化设计及工厂预制，综合利用废旧路面、疏浚土、钢轨、轮胎和沥青等材料以及无害化处理后的工业废料、建筑垃圾，循环利用交通生产生活污水，鼓励企业加入区域资源再生综合交易系统。

除此之外，我国越来越重视建筑垃圾资源化处理与利用的信息化管理，在一些法律政策文件中都有体现：

《中华人民共和国环境保护法》指出，公民、法人和其他组织依法享有获取环境信息、参与和监督环境保护的权利。各级人民政府环境保护主管部门和其他负有环境保护监督管理职责的部门，应当依法公开环境信息完善公众参与程序，为公民、法人和其他组织参与和监督环境保护提供便利。

《中华人民共和国固体废物污染环境防治法》指出，国务院环境保护行政主管部门建立固体废物污染环境监测制度，制定统一的监测规范，并会同有关部门组织监测网络。大、中城市人民政府环境保护行政主管部门应当定期发布固体废弃物的种类、产生量、处置状况等信息。

《中共中央国务院关于进一步加强城市规划建设管理工作的若干意见》（中发〔2016〕6 号）提出，要推进城市智慧管理。加强城市管理和服务体系智能化建设，促进大数据、物联网、云计算等现代信息技术与城市管理服务融合，提升城市治理和服务水平。加强市政设施运行管理、交通管理、环境管理、应急管理等城市管理数字化平台建设和功能整合，建设综合性城市管理数据库。

6.3.2　对我国相关政策法律法规的分析及建议

从政府所颁布实施的法律法规中，我们可以清晰地看出：我国对于城市废弃物资源化利用几乎是从 20 年前才起步，比发达国家晚了几十年，所以相关领域的起步过晚也是导致我国城市废弃物资源化利用水平较低的主要原因。

鉴于此，政府一直在努力改变着相关领域的现状并努力追赶发达国家，2003年制定的《中华人民共和国清洁生产促进法》是我国逐渐开始重视相关领域的重要标志，而 2005 年的《城市建筑垃圾管理规定》则是我国深入探索如何促进相关领域发展的伟大第一步，是我国通过划分责任义务推动相关领域发展的初步体现。随后的几年里，我国陆续提出了对国内建筑垃圾的资源化利用企业的扶持政策，通过经济优惠以及一些其他的补贴来刺激相关行业的成长。2010 年后，我国政府陆续出台越来越多的与相关领域有关的法律法规以及标准规范，逐步形成对相关领域发展有利的法律法规体系。特别是近两年来，国务院以及其他部门一共出台了十几份包含相关领域或者与相关领域有关的文件。如 2016 年所发布的《"绿色建筑及建筑工业化重点专项"2017 年度项目申报指南》，该文件进一步细化了我国对相关领域的考核目标；2017 年颁布的《建筑垃圾的资源化利用行业规范条件》（暂行）则提出了对相关领域企业更为细致的强制性要求；2017 年 3 月 1 日住房城乡建设部颁布的《建筑节能与绿色建筑发展"十三五"规划》指出：要建立绿色建材产品质量追溯系统，动态发布绿色建材产品目录，营造良好的市场环境。2020 年修订通过的《中华人民共和国固体废物污染环境防治法》是健全最严格、最严密生态环境保护法律制度和强化公共卫生法治保障的重要举措。随着相关法律法规的不断出台、相关标准规范的进一步细化以及各类新的指导性文件和工作方案的实施，我国城市废弃物资源化利用领域正持续健康地高速发展。

总体而言，我国在城市废弃物资源化利用领域仍处于初步探索阶段，存在着许多的问题：

（1）相关领域的行业规范与标准划分得比较模糊，很多细部的规范与标准不全；

（2）由于实际操作中缺乏理论与法规政策的指导，在处理城市废弃物时无法明确主体责任单位或是主体责任人，执法部门无法可依，相关责任方互相推诿，从而使得城市废弃物的处理与进一步的资源化利用难以在市场化环境下推进；

（3）就当前而言，对于违规倾倒、处置城市废弃物造成环境污染和次生危害行为的惩处仍偏轻，相关责任方明确违规成本后仍"敢于"违规，故而城市废弃物的处理仍然落在空处。

我国发展城市废弃物处理技术的过程，实际上就是相关领域政策法律法规以及规范标准不断细化的过程，要想更好地推进城市废弃物资源化利用的发展，必须做好以下几点：

（1）明确各类城市废弃物及其分类和处理的方式，规定各类城市废弃物资源化利用的相关标准规范，让企业能够更容易投身到相关领域；

（2）更加细致地划分责任义务主体，明确各级部门的具体责任，加大违法处罚力度；

（3）更多地出台相关领域的优惠补贴政策，给予相关领域更多的支持。

只有这样，我国相关领域的政策法律法规才能真正地趋于完善，为城市废弃物资源化利用领域真正地夯实地基。

6.4　国内各地方城市的相关条例与办法

近些年来，随着我国大量基础设施的建设以及城镇化进程的日益推进，国内建筑垃圾的产量也逐年增多，我国城市废弃物产量已经位居世界前列。作为国内经济最为发达的几个城市，如北京、上海和深圳的建筑垃圾产量也是一直位于国内城市的前列，同时，这几个城市由于发展较早，其相关领域的起步也较早，相关的法规政策和技术相比于国内其他城市也较为先进。

湖南省先后颁布了基本法律法规来促进湖南省建筑垃圾资源化利用，例如《湖南省人民政府办公厅关于加强城市建筑垃圾管理和资源化利用的意见》明确提出：力争 2020 年建筑垃圾资源化综合利用率达 35％ 以上，基本形成建筑垃圾减量化、无害化、资源化利用和产业化发展的体系。湖南省住建厅《关于开展建筑垃圾治理示范工作的通知》指出：要进一步完善各项政策制度，包括建筑垃圾处置核准制度、多部门联动监管制度、建筑垃圾收费制度、特许经营制度、产业扶持政策、再生产品推广应用政策。《湖南省城市建筑垃圾管理实施细则（暂行）》要求：按减量化、资源化、无害化和谁产生、谁承担处置责任的原则对建筑垃圾进行管理和处置利用。

许昌市的建筑垃圾综合利用率可达到 95％，是国内所有城市的榜样，其相关政策值得我们仔细揣摩和学习。长沙、郑州、合肥等城市近几年也在不断发展本市相关领域，出台了一些较为详细的相关文件，推进了当地建筑废弃物资源化利用领域的发展。

6.4.1　长沙市

6.4.1.1　建筑垃圾总量情况

2018 年，长沙市共产生建筑垃圾 800 多万吨，预计近几年的建筑垃圾产生量将急剧增加，但是回填土仍为建筑垃圾消纳管理的主要途径，其在建筑废弃物资源化利用领域还存在很大的空间。

6.4.1.2　相关政策法规

《长沙市城市建筑垃圾运输处置管理规定》指出：（1）长沙市城市管理和行政执法局（以下简称市城管执法局）是城市建筑垃圾（以下简称建筑垃圾）运输业务的行政管理部门，依法负责建筑垃圾处置许可，具体工作由其所属的长沙市渣土管理处办理。长沙市交通运输管理部门、公安机关交通管理部门依照道路运输、道路交通安全管理法律、法规、规章的有关规定，对从事建筑垃圾运输业务的运输企业（以下简称运输企业）及其运输车辆实施监督管理。（2）市城管执法局对运输企业提交的相关资料进行审核。对符合申请条件的车辆，由市城管执法局出具相关证明，市公安机关交通管理部门办理建筑垃圾运输车辆专用牌照；符合申请条件的运输企业，由市城管执法局核发建筑垃圾处置许可手续。

《长沙市建筑垃圾资源化利用管理办法》中指出：（1）本办法所称建筑垃圾是指拆除各类建筑物、构筑物、市政道路、管网等过程中所产生的废弃物。建筑垃圾的资源化利用，是指以建筑垃圾作为主要原材料，通过技术加工处理制成具有使用价值、达到相关质量标准，经相关行政管理部门认可的再生建材产品及其他可利用产品。建筑垃圾的资源化利用包括收集运输、加工处置和综合利用三个步骤。（2）建筑垃圾的资源化利用遵循统筹规划、政府推动、市场引导、物尽其用的原则，实现建筑垃圾的资源化、减量化、无害化。此条确定了废弃物资源化利用的基本原则和目标。（3）处置企业的处置场地应符合建筑垃圾处置场地管理规定，向社会公开征求选址意见，并具备以下条件：①不得选址于饮用水源保护区、地下水集中供水水源地等；②有建筑垃圾原料堆场及建筑垃圾再生产品堆场，堆场面积应满足正常生产的需求；③具备相关专利技术，确保能大量利用包括质量较差的废旧渣砖、砌块等在内的建筑垃圾，不得只选择性地处置废旧混凝土；④有一条以上建筑垃圾处置加工生产线，具有一定处置能力；⑤应进行环境影响评价，取得相关环评手续，对周边环境及居民无影响。（4）处置企业可在建筑垃圾运输抵达并完成处置后，向住房城乡建设部门申请建筑垃圾处置费用补贴。补贴资金按实际处置的建筑垃圾数量核算，核算及资金拨付工作由住房城乡建设部门牵头，财政、城管执法部门配合。补贴标准为 3.0 元/m^3，补贴费用从收取的建筑垃圾处置费中列支。此项是一条逐步建立相关再生产品市场产业链、推动相关领域持续发展的重要举措。（5）经建设行政部门核准的综合利用企业生产的再生产品符合国家资源化利用鼓励和扶持政策的，按照国家有关规定享受增值税返退等优惠政策。（6）建立建筑垃圾的资源化利用工作协调机制，住房城乡建设、城管执法、发改、经济和信息化、科技、公安、财政、国土资源、交通运输、规划、环保、税务等部门和芙蓉区、天心区、岳麓区、开福区、雨花区人民政府参与。各部门应当依法各司其职，加强联合管理，住房和城乡建设委统筹协调，共同做好建筑垃圾的资源化利用管理工作。

6.4.2　北京市

6.4.2.1　建筑垃圾总量情况

当前北京市建筑垃圾每年产生量接近 4000 万 t，但城市废弃物中这部分的资源化再利用率不足 10%，与发达国家相差甚远。

6.4.2.2　相关政策法规

《北京市绿色建筑行动实施方案》指出：（1）以建筑垃圾排放减量化、运输规范化、处置资源化和利用规模化为主线，着力构建政府主导、社会参与、行业主管、属地负责的建筑垃圾管理体系和城乡统筹、布局合理、管理规范、技术先进的建筑垃圾处置体系。（2）2015 年，全市建筑垃圾资源化处置能力达到 800 万 t。市市政市容、城管执法、公安交通管理、交通运输等部门，要建立执法协调联动工作机制，严厉查处不按照规定处置建筑垃圾的行为。（3）市发展改革、市政市容、住房城乡建设、质监等部门，要将建筑垃圾综合利用工作纳入循环经济发展规划，研究出台建筑垃圾的资源化利用鼓励性政策。（4）加快建筑废弃物资源化利用技术、装备研发和推广，完善建筑垃圾再生产品质量标准、应用技术规程，开展建筑废弃物资源化利用示范。

《北京市人民政府关于加强垃圾渣土管理的规定》指出：（1）市和区、县市政管理行政部门主管垃圾渣土的收集、清运和处理的管理工作。（2）新建、改建住宅区，开发建设单位应当按照规划要求配套建设密闭式垃圾收集站。居民居住区的密闭式垃圾收集站，由区、县市政管理行政部门会同街道办事处或者乡、镇人民政府统筹设置。单位和个体工商户应当配置密闭式垃圾容器，收集垃圾。产生垃圾较少的单位，与垃圾清运单位协议，可以在清运单位负责的垃圾收集站倾倒垃圾，并按照规定标准向垃圾清运单位交纳服务费用。城乡接壤地区的密闭式垃圾收集站，由街道办事处或者乡人民政府会同所在区市政管理行政部门统筹布局、建设。（3）密闭式垃圾收集站和垃圾容器的所有权人或者维护管理单位应当建立保洁管理责任制，保持垃圾收集站的整洁和垃圾容器的完好。出现破旧、污损或者丢失的，所有权人或者维护管理单位应当及时维修、更换、清洗或者补设。（4）单位或者个人因建设施工、拆除建筑物和房屋修缮、装修等产生的建筑垃圾、渣土等废弃物应当单独堆放或者进行综合处置，不得倒入生活垃圾收集站。产生建筑垃圾、渣土的建设单位应当到区、县市政管理行政部门办理渣土消纳许可证；跨区、县的工程或者市重点工程产生渣土的单位，应当到市市政管理行政部门办理渣土消纳许可证；产生房屋修缮、装修的建筑垃圾和渣土的个人，应当到街道办事处或者乡镇人民政府办理渣土消纳许可证。产生建筑垃圾、渣土的建设单位应当持施工许可证、工程图纸等有关材料，向审批部门提出申请并填写渣土消纳登记表。（5）单位或者个人产生的垃圾渣土，应当按照规定的时间、路线和要求自行清运，也可以委托环境卫生专业作业企业清运。

《关于全面推进建筑垃圾综合管理循环利用工作的意见》指出：（1）各区县政府根据资源化处置能力，控制排放总量，落实减排责任。（2）建设单位要将建筑垃圾处置方案和相关费用纳入工程项目管理，可行性研究报告、初步设计概算和施工方案等文件应包含建筑垃圾产生量和减排处置方案。（3）工程设计单位、施工单位应根据建筑垃圾减排处理有关规定，优化建筑设计，科学组织施工。鼓励通过使用移动式资源化处置设备、堆山造景等方式进行资源化就地利用，减少建筑垃圾排放。（4）市市政市容委会同市住房和城乡建设委等部门要加快研究制定房屋建筑工程（含拆除工程、装修工程）和市政基础工程建筑垃圾分类存放、分类运输标准及分类设施的设置规范。（5）住房城乡建设行政主管部门将施工工地建筑垃圾分类存放和密闭储存工作要求纳入绿色达标工地考核内容，促进源头分类。（6）建设工程应在规划设计阶段，充分考虑土石方挖填平衡和就地利用。同时，要加快工程渣土消纳市场化运转体系建设，促进循环利用。

6.4.3 上海市

6.4.3.1 建筑垃圾总量情况

上海市建筑垃圾产生量年均达 1 亿 t。为应对这个触目惊心的数字，上海市政府制定了相应的解决城市废弃物的目标。

6.4.3.2 政策法规

《关于进一步加强本市垃圾综合治理的实施方案》提出："十三五"期间，本市通过强化建筑垃圾的预处理，提升建筑垃圾资源化再利用能力和水平，工程泥浆集中干化能力预计达到 950 万 t/年，工程垃圾资源化利用能力预计达到 400 万 t/年，装修和拆房垃圾集中资源化能力预计达到 750 万 t/年，真正实现建筑垃圾"内循环"。

《上海市建筑垃圾和工程渣土处置管理规定》指出：上海市环境卫生管理局（以下简称市环卫局）是本市建筑垃圾、工程渣土处置的主管机关，其所属的渣土管理处（以下简称市渣土管理处）负责具体管理。区、县环境卫生管理部门负责分工范围内的建筑垃圾、工程渣土的处置管理。公安、交运、规划、环保、土地、建筑、房产、公用、市政、园林等管理部门应当按照各自职责，配合环境卫生管理部门搞好建筑垃圾、工程渣土的处置管理。市、区县环境卫生管理部门设立的环境卫生监察队伍（以下简称监察队伍）有权在职责范围内，对违反本规定的行为实施行政处罚。

《上海市建筑废弃混凝土资源化利用管理暂行规定》指出：（1）本规定所称的建筑废弃混凝土是指本市房屋建筑和基础设施新建、改建、扩建及大中修工程所产生的废弃水泥混凝土块。资源化利用是指施工单位在施工现场按照有关要求，对废弃混凝土进行单独堆放，由符合条件的建筑废弃混凝土资源化利用企业组织收集运输，加工制成再生骨料及粉料，并用于生产再生建材。再生建材是指建筑废弃混凝土掺加量在 10% 以上，且符合相关产品标准和使用规定的建材产品。（2）利用企业应当积极配合施工单位签订处置合同，严格按照处置合同的约定，及时组织运输，将建筑废弃混凝土运送至本企业进行资源化利用；不得转让或者随意倾倒建筑废弃混凝土，不得向施工单位收取处置费。运输车辆及其运载的建筑废弃混凝土应采取必要的防尘及保护措施。建筑废弃混凝土运输距离在 20km（含）以内的，可以免收运输费。（3）监理单位应当督促施工单位加强建筑废弃混凝土处置管理，对不按建筑废弃物处置方案处置，或未将建筑废弃混凝土交给利用企业处置的，及时制止；制止无效的，及时报市、区县建设管理部门。（4）市建设管理委应当积极落实国家、本市对建筑垃圾的资源化利用的优惠政策，做好优惠政策申报企业（项目）的管理工作。利用企业建筑废弃混凝土资源化利用的固定资产投资项目，可以依据本市循环经济发展和资源综合利用政策有关规定，享受相应的建设资金补贴。

《上海市绿色建筑发展三年行动计划（2014—2016）》指出：（1）加强绿色建材推广应用。大力发展安全耐久、节能环保、便于施工的绿色建材，鼓励采用循环利用材料，生产绿色建材产品。研究建立绿色建材、设备评价标识制度和目录管理制度，引导纳入政府采购，淘汰落后建材、设备。（2）通过标准规范制定，引导高性能混凝土、高强钢筋发展利用，建设工程禁止现场搅拌砂浆，禁止使用黏土制品。（3）继续编制和发布推广、限制、禁止使用的建筑材料、设备、技术、工艺目录。（4）加强建材生产、流通和使用环节的质量监管和检查，加强建材应用备案管理，建立建材质量可追溯机制，严禁性能不达标的建材流入市场。（5）推进建筑废弃物减排和资源利用。研究完善建筑拆除的相关管理制度，促进废弃混凝土、建筑废弃物综合利用。（6）健全和完善废弃混凝土再生产品质量标准、应用技术规程，加大废弃混凝土、建筑废弃物在工程项目中的资源化利用力度。(7) 强化责任考核，依据本行动计划目标要求，分解落实年度目标、工作任务、责任单位，健全责任机制和绩效考核办法。将绿色建筑发展任务和计划执行情况纳入对区县节能减排考核和对国有企业负责人业绩考核体系，合理设置分值权重，按年度对各区县政府和相关国有企业进行考核评价。考核评价结果，按照相关规定向社会发布。

《关于进一步加强本市垃圾综合治理的实施方案》指出：(1) 加强建筑垃圾源头管理，推进建筑工地垃圾"零排放"。建立健全建筑垃圾分类申报信息化管理平台。落实建设施工单位、拆房单位和小区物业等产生者源头申报制度。明确街镇源头申报的属地监管责任。推广装配式建筑和全装修房，减少建筑垃圾产生。鼓励建筑工地就近就地利用建筑垃圾，推进建筑工地垃圾"零排放"。(2) 加强对建筑施工工地、拆房工地和消纳场所的扬尘污染控制，严禁有害垃圾、生活垃圾混入建筑垃圾收运处理系统（责任单位：市住房城乡建设管理委、市绿化市容局、市环保局、市城管执法局，各区、县政府）。推进消纳场所及资源化设施建设，确保建筑垃圾有序处置，实施《上海市建筑垃圾消纳处置和资源化利用规划》。(3) 不断完善工程垃圾资源化利用体系，加强工程废弃混凝土利用企业管理，提升处理能力。加快推进装修垃圾和拆房垃圾资源化设施建设，到 2018 年，建成老港固废综合利用基地、嘉定资源化利用设施；2020 年前，完成其他规划设施建设，推动工程泥浆干化预处理；2019 年，建成嘉定、奉贤、闵行等泥浆干化项目（责任单位：市规划国土资源局、市水务局、市住房城乡建设管理委、市绿化市容局，相关区、县政府）。加强法规保障，完善政策体系。(4) 强化生活垃圾、建筑垃圾等各类垃圾收运处置标准体系建设及技术规范落实（责任单位：市政府法制办、市发展改革委、市财政局、市住房城乡建设管理委、市农委、市绿化市容局）。

6.4.4 深圳市

6.4.4.1 建筑垃圾总量情况

目前，深圳市污泥渣土的年均产量约为 5000 万 m³，在这部分城市废弃物中，可进行再生利用的数量达到 1000 万 t，有极大的利用空间。

6.4.4.2 相关政策法规

《深圳市建筑废弃物运输和处置管理办法》指出：(1) 建设行政主管部门（以下简称建设部门）负责建筑废弃物的减排与回收利用管理，向建设单位发放建筑废弃物管理联单并对其遵守联单制度的情况进行监管，规范建设项目建筑废弃物运输业务的发包行为，监管建设工程施工现场并督促施工单位文明施工，依法追究建设、施工等相关单位违法处置建筑废弃物行为的法律责任。（2）建筑废弃物处置应当符合减量化、再利用、资源化和分类管理的原则。鼓励建筑废弃物减排和回收利用新技术、新工艺、新材料、新设备的研究、开发和使用。建筑废弃物可以再利用或者再生利用的，应当循环利用；不能再利用、再生利用的，应当依照有关法律、法规及本办法的规定处置。产生建筑废弃物的单位或者个人，应当承担依法分类收集排放和处置建筑废弃物、及时消除建筑废弃物污染的义务。任何单位和个人不得将生活垃圾、危险废物和建筑废弃物混合排放和回填，不得在公共场所及其他非指定的场地倾倒、抛洒、堆放或者填埋建筑废弃物。（3）违反规定处置建筑废弃物造成倾倒、污染，除依法责令限期清理、处以行政处罚外，对当事人逾期仍未清理的，由依法查处该违法行为的部门组织清理，依法应当由当事人承担的清理费用，由组织清理的部门依法追偿；但相关法律、法规对拒不清理行为规定了行政强制执行方式的，相应部门可以依法实施行政强制执行。对无法查明违法倾倒、污染行为人的无主建筑废弃物，由被违法倾倒、污染场所的产权单位或者管理单位负责组织清理，依法应当由违法行为人承担的清理费用，组织清理的产权单位或者管理单位可以在明确违法行为人后依法追偿。相关部门作为被违法倾倒、污染场所的产权单位或者管理单位，组织清理无主建筑废弃物前，应当制订处理方案，向市、区财政申请费用。

《深圳市建筑废弃物减排与利用条例》中指出：（1）市、区人民政府（以下简称市、区政府）建设行政管理部门是建筑废弃物减排与回收利用的主管部门（以下简称主管部门）。市、区政府城市管理部门负责建筑废弃物清运、受纳的监督管理工作。市、区政府发改、贸工、财政、国土房产、规划、环保、物价等部门在各自职责范围内，协同做好有关建筑废弃物的管理工作。（2）鼓励建筑废弃物减排与回收利用新技术、新工艺、新材料、新设备的研究、开发和使用。市政府对建筑废弃物回收利用企业应当给予政策优惠或者资金补贴。具体办法由市主管部门会同相关部门另行制定，报市政府批准后施行。（3）市主管部门应当根据建筑废弃物减排与回收利用的需要，另行编制发布强制淘汰的施工技术、工艺、设备、材料和产品目录。施工单位不得采用列入强制淘汰目录的施工技术、工艺、设备、材料和产品。（4）市、区主管部门应当采用多种形式加强对建筑废弃物减排与回收利用的宣传，免费发放有关宣传资料。企业以及相关行业协会应当加强对建筑业从业人员的教育及培训，提高从业人员的资源节约和回收利用意识。（5）建设工程设计单位应当优化建筑设计，提高建筑物的耐久性，减少建筑材料的消耗和建筑废弃物的产生。优先选用建筑废弃物再生产品以及可以回收利用的建筑材料。市主管部门应当另行编制发布建筑废弃物减排的设计指引。

《关于打造绿色建筑之都的行动方案》指出：建立完善绿色建筑技术和产品支撑体系。加强绿色建筑相关技术的研发与推广。编制绿色建筑有关技术规范，发布绿色建筑技术和产品目录。在建筑设计中大力推广外遮阳、自然通风、自然采光、中水回用、雨水收集、人工湿地、立体绿化、底层架空、透水型铺地材料、太阳能空调、节能隔声门窗、节能照明、节水器具等各种绿色建筑技术和产品，推广应用高强高性能混凝土、高强钢筋。研究建立建筑垃圾经济激励机制，推行建筑垃圾源头减量化战略，鼓励建筑垃圾的资源化利用。实行特许经营，促进建筑垃圾综合利用的产业化。推动出台建筑垃圾综合利用法规规章，制定建筑垃圾回收利用工程技术规范。建立 3～5 个建筑垃圾综合回收利用示范项目。

6.4.5　许昌市

6.4.5.1　建筑垃圾总量情况

十年来，许昌市一共消化了 4000 万 t 建筑垃圾，资源化利用率达到惊人的 95%，远超国内平均水平，探索出了"政府主导、市场运作、特许经营、循环利用"的经验，并且把经验广泛应用到省内外，得到了住房城乡建设部等部委和省委、省政府的充分肯定。

6.4.5.2　相关政策法规

《许昌市建筑垃圾管理及资源化利用实施细则》指出：（1）建筑垃圾是指施工单位或个人新建、改建、扩建和拆除各类建筑物、构筑物、管网等以及居民、沿街门店装饰房屋过程中所产生的渣土、弃土、余土、弃料等废弃物；施工工地包括建筑施工、道路施工、市政设施施工、管网施工、桥梁涵洞施工、河道水利施工等工地。（2）建筑垃圾的资源化利用实行谁产生、谁付费，谁处置、谁受益的原则，建立健全政府主导、社会参与、行业主管、属地管理的建筑垃圾管理体系，构建布局合理、管理规范、技术先进的建筑垃圾的资源化利用处置体系，将建筑垃圾资源化循环利用纳入建筑产业现代化发展中，实现建筑垃圾减量化、无害化、资源化利用和产业化发展。（3）居民因装修装饰房屋产生的建筑垃圾，区域内实行物业管理的，由物业管理单位指定临时地点堆放，并委托特许经营运输企业及时清运；未实行物业管理的，由街道办事处指定临时堆放地点，在 2 日内委托特许经营运输企业及时清运。沿街门店产生的装修废料、装修垃圾经建筑垃圾行政主管部门指定临时堆放地点，并委托特许经营运输企业及时清运。（4）任何产生建筑垃圾的单位和个人不得将建筑垃圾交给非建筑垃圾清运、处置特许经营单位进行清运、处置。（5）许昌市城市规划区管辖范围内所有新建、改建、扩建、拆除的各类建筑物、构筑物、管网改造、河道施工、市政设施建设、沿街门店装饰、装修和居民小区装饰、装修过程中所产生的建筑垃圾，均应交纳垃圾处置费及运输费。（6）建筑垃圾处置费征收标准，按照许昌市物价行政主管部门核定的收费标准执行，任何单位和个人不得擅自减免。对产生建筑垃圾的单位和个人不按规定交纳建筑垃圾处置费的，建筑垃圾行政主管部门不予办理相关手续。（7）建筑垃圾生产方必须将建筑垃圾运输费和处置费列入工程预算，实行先预交处置费，后处置原则。（8）产生建筑垃圾的单位和个人在建筑垃圾处置前，应按建筑垃圾行政主管部门批准的核准量，向许昌市建筑垃圾行政主管部门开设的建筑垃圾监管专用账户预交处置费和运输费。建筑垃圾处置费按现行交款渠道交纳，建筑垃圾运输费由产生方按批准的核准量交纳至市建筑垃圾管理办公室零余额账户。

《许昌市施工工地建筑材料建筑垃圾管理办法》指出：（1）市、县（区）住房城乡建设部门要根据河南省城市精细化管理要求，制定施工工地具体管理标准及相关制度，定期检查考核，加强建筑施工工地文明施工管理工作。（2）施工工地必须实行封闭管理，对在建的工程采用符合规定要求的密目式安全网维护，密目式安全网封闭严密牢固、整齐美观，封闭高度符合要求。（3）施工工地出入口处应当设置车辆清洗设施及相应的排水设施，对驶出车辆的车轮、车身等进行冲洗。实行"一不准进、三不准出"，即不具备开工条件的工地各种清运车辆不准进入；车轮和车身没有冲洗干净的不准出、超高装载的车辆不准出、无包扎遮盖的清运散装货物车辆不准出，防止污染城市道路。（4）施工工地建筑施工活动应当遵守环境保护有关规定，制定和采取有效措施，控制施工工地的粉尘、废气、废水、固体废弃物以及噪声、振动，避免施工扰民，妥善处理与周边居民的关系，主动接受社会监督。

6.4.6　青岛市

6.4.6.1　建筑垃圾总量情况

2016 年青岛市产生建筑垃圾 3000 万 t，其中 1503 万 t 资源化利用，700 万 t 回填；2017 年青岛市建筑废弃物资源化利用完成 1211.7 万 t，可节约填埋土地

1200 余亩，减少对周边 3600 余亩土壤和地下水源的污染，实现产值约 15 亿元，实现经济效益、社会效益和环境效益的全面统一。

6.4.6.2 相关政策法规

《关于进一步加强城市建筑垃圾管理促进资源化利用的意见》指出要加强源头治理：（1）严格处置核准。建设（拆除）单位、施工单位在施工前，应到所在县（市、区）市容环卫主管部门申请建筑垃圾处置核准手续，严禁任何单位、个人未经核准处置建筑垃圾。将土石方工程纳入建设工程程序管理，限额以上建设工程，建设单位要取得《施工许可证》和建筑垃圾处置核准等相关文件，方可动工开挖。加强土石方施工管理，规模以上土石方工程推广安装在线监测监控系统。（2）狠抓源头减量。工程建设单位要将建筑垃圾处置费用纳入工程预算，工程可行性研究报告、初步设计概算和施工方案等文件应包含建筑垃圾产生量和处置方案。工程设计单位、施工单位应根据建筑垃圾减量化有关规定，优化建筑设计，科学组织施工，在地形整理、工程填垫等环节充分利用建筑垃圾。积极发展装配式建筑，新建居住建筑推广精装修，大幅降低建筑施工和房屋装修建筑垃圾产生。（3）规范装修垃圾处置。装饰装修施工单位应当按照城市人民政府市容环卫主管部门的有关规定处置装修垃圾。居民进行房屋装饰装修活动产生的建筑垃圾，应当按照物业服务企业或者社区居民委员会指定的地点堆放，承担清运费用，并由市容环卫主管部门按照地方政府有关规定进行规范处置。（4）加强拆除性垃圾管控。房屋拆除后产生的建筑垃圾，资源化利用企业应优先使用移动式处理设备实行就地处理。不能就地处理的，运至资源化利用企业厂区。落实拆除性垃圾清运责任单位和监管部门，拆除施工结束一个月内，将建筑垃圾全部清运完毕。

《青岛市建筑废弃物管理办法》指出：（1）建筑废弃物管理实行属地化管理与分级负责相结合，以属地化管理为主的原则。建筑废弃物处置实行减量化、资源化、无害化和谁产生谁承担处置责任的原则，优先进行资源化利用，以减少建筑废弃物的产生。（2）排放建筑废弃物的单位应当按照核定的不能进行资源化利用的建筑废弃物的排放数量，向环境卫生行政主管部门缴纳建筑废弃物处置费。建筑废弃物处置费专项用于建筑废弃物消纳处置，严禁挪作他用。（3）环境卫生行政主管部门发现违法行为应当由城管执法部门给予行政处罚的，应当按规定移送处理。案件接收部门应当在 30d 内将处理情况告知环境卫生行政主管部门。

6.4.7　西安市

6.4.7.1　建筑垃圾总量情况

西安市年均产生的建筑垃圾数量由 2009 年之前的不到 2000 万 t 增加到 2014 年的超过 5500 万 t，然而西安市当前的对于建筑垃圾的年处理能力仅为 400 万 t 左右，建筑垃圾的资源化利用就变成了迫在眉睫的大事。

6.4.7.2　相关政策法规

《西安市建筑垃圾管理条例》指出：（1）市市容环境卫生行政管理部门是本市建筑垃圾管理的行政主管部门。区、县市容环境卫生行政管理部门按照职责负责辖区内的建筑垃圾管理工作。公安、城管执法、规划、交通、建设、城改、水务、国土资源、环境保护、市政公用、物价等部门按照各自职责，做好建筑垃圾管理的相关工作。街道办事处、乡镇人民政府接受市容环境卫生行政管理部门指导，对本辖区内建筑垃圾处置活动进行监督、检查。（2）建筑垃圾处置实行减量化、无害化、再利用、资源化和产生者承担处置责任的原则。（3）市人民政府应当制定建筑垃圾综合利用优惠政策，扶持和发展建筑垃圾综合利用项目，加强对建筑垃圾综合利用的研究开发与转化应用，提高建筑垃圾综合利用的水平。（4）建筑垃圾排放人应当对建筑垃圾进行分类。任何单位和个人不得将建筑垃圾与生活垃圾、危险废物混合处置。（5）建筑垃圾运输人应当在施工现场配备管理人员，监督运输车辆的密闭启运和清洗，督促驾驶人规范使用运输车辆安装的卫星定位系统等相关电子装置，安全文明行驶。（6）区、县人民政府应当建立健全建筑垃圾消纳管理工作机制，组织实施建筑垃圾消纳场建设规划，优先保障建筑垃圾消纳场的建设用地，鼓励社会投资建设和经营建筑垃圾消纳场。建筑垃圾消纳场的规划和建设，应当符合环保要求，采取有效措施防止二次污染。（7）企业使用或者生产列入建筑垃圾综合利用鼓励名录的技术、工艺、设备或者产品的，按照国家有关规定享受税收优惠。建筑垃圾综合利用企业，不得采用列入国家淘汰名录的技术、工艺和设备进行生产；不得以其他原料代替建筑垃圾，生产建筑垃圾的资源化利用产品。

《西安市建筑垃圾综合治理工作方案》指出：（1）从严查处涉及"黑车""黑工地""黑倾倒点"的幕后黑手，净化清运市场；严厉打击涉及建筑垃圾管理的黑恶势力，严惩强买、强卖、强揽土方工程、哄抬土方价格和暴力抗法等违法犯罪行为。（2）2016 年 5 月底前出台专项治理工作方案以增加单位和个人的违法成本为重点，对《西安市建筑垃圾管理条例》进行修订，尤其对"三黑"

问题的处罚力度要大幅提高、处罚措施要更加严厉。2016 年 9 月底前完成调研，并将修改意见报市政府。（3）研究和完善现行的建筑垃圾管理制度，结合我市建筑垃圾管理现状，2016 年 5 月底前制定《关于进一步加强和改善建筑垃圾管理工作的意见》。（4）在城市东、南、西、北方向规划建筑垃圾消纳场，以满足目前建筑垃圾消纳需求。（5）扶持建筑垃圾综合利用项目。（6）加强宣传引导：在《西安晚报》等媒体开设"建筑垃圾综合治理违法行为曝光台"专栏，每周对市级部门查处的违法行为进行公开曝光，主动接受市民监督。（7）加强对建筑垃圾综合治理工作的监督检查，强化城管、公安、环保、建设等部门执法联动，严厉打击各类违法违规行为，确保综合治理工作取得实效。

6.4.8 其他地方条例与办法

《贵阳市建筑垃圾管理规定》指出：（1）市市容环境卫生行政主管部门负责全市建筑垃圾处置的管理工作，具体负责市辖各区及市人民政府确定的其他区域内建筑垃圾处置的相关管理工作。区（市、县）市容环境卫生行政主管部门按照职责负责本行政区域内建筑垃圾处置的管理工作，业务上接受市市容环境卫生行政主管部门的监督指导。城乡规划、住房和城乡建设、环境保护、国土资源、安全生产监督、林业绿化、水务、公安交通、城市综合执法、交通运输等部门和乡镇人民政府、社区服务管理机构应当按照各自职责，做好建筑垃圾处置管理的相关工作。（2）建筑垃圾处置实行减量化、资源化、无害化和谁产生、谁清理的原则。不具备清理条件的，可委托经核准从事建筑垃圾运输的单位清运。鼓励和支持建筑垃圾综合利用，鼓励建设单位、施工单位优先采用建筑垃圾综合利用产品。

《郑州市加强建筑垃圾管理促进资源化利用工作实施方案》中指出：（1）指导思想：要坚持"谁产生谁付费、谁处置谁受益"，以构建布局合理、管理规范、技术先进的建筑垃圾的资源化利用体系为目标，把生态文明和循环经济理念融入城乡建设全过程，建立健全政府主导、社会参与、行业主管、属地监管、就近利用的建筑垃圾管理体系，实现建筑垃圾减量化、无害化、资源化利用和产业化发展。（2）基本原则：坚持资源化利用，完善再生建材产品标准体系，加大政策扶持，制定有力措施，推动再生建材产品广泛应用；坚持市场化运作，引入社会资本及先进技术，实行特许经营，明确责任要求，加快资源化利用设施建设；坚持产业化发展：拉伸建筑垃圾的资源化利用产业链，提高再生建材产品附加值，联合开展研发，带动装备制造等相关产业发展。（3）工作目标：2017 年上半年，市内五区及四个开发区要合理规划布局一至两处建筑垃圾资源化处置利用场所，并具备处置能力，确保 2017 年年底建筑垃圾消纳场实现达标运行、规范管理，中心城区建筑垃圾的资源化利用率达到 50% 以上。健全完善建筑垃圾的资源化利用体制机制，有计划、分批次完成建筑垃圾的资源化利用项目工程，确保 2020 年中心城区建筑垃圾的资源化利用率达到 70% 以上，县（市）建成区建成建筑垃圾资源化处置利用设施且资源化利用率达到 50% 以上。（4）任务分工：制定建筑垃圾再生产品生产和使用标准体系：编制并发布再生产品的生产和使用技术规范，编制建筑垃圾再生建材产品的绿色建材目录、政府采购目录。（5）推行再生建材产品认证制度，通过认证的生产企业可申请绿色再生建材产品评价标识，将其产品列入绿色建材目录和政府采购目录。（6）加大绿色建材目录和政府采购目录再生建材产品的推广力度，根据建筑垃圾再生建材产业发展状况，结合市场需求，及时更新完善绿色建材目录和政府采购目录，做到生产标准统一、使用标准统一、产品范围统一。（7）推广使用建筑垃圾再生产品：把建筑垃圾再生骨料应用于道路建设作为建筑垃圾资源化利用的重点发展方向。制定建筑垃圾再生骨料产品应用的相关规范、技术标准、验收标准和政府指导价信息。（8）严格再生产品质量管理。（9）加大政策扶持力度。

《合肥市建筑垃圾管理办法》指出：（1）市城市管理部门是本市建筑垃圾管理的行政主管部门，负责建筑垃圾处置的综合监督管理工作；区城市管理部门（含开发区城市管理机构，下同）根据管理权限，具体负责本辖区建筑垃圾处置的监督管理工作。城乡建设、规划、国土资源、公安、交通、环境保护、房产、林业和园林、价格、质监等部门按照各自职责，共同做好建筑垃圾处置的监督管理工作。乡（镇）人民政府、街道办事处在区城市管理部门的指导下，做好本辖区内建筑垃圾处置的监督管理工作。（2）鼓励和引导社会资本参与建筑垃圾综合利用项目，支持建筑垃圾综合利用产品的研发、生产。利用财政性资金建设的城市环境卫生设施、市政工程设施、园林绿化设施等项目应当优先使用建筑垃圾综合利用产品。（3）企业使用或者生产列入国家建筑垃圾综合利用鼓励名录的技术、工艺、设备或者产品的，按照有关规定享受优惠政策。

6.5　分析及建议

通过以上对国外一些发达国家建筑废弃物资源化利用政策的研究和国内相关领域政策法律法规的探讨以及对比、分析国内的一些城市在相关领域的政策，得出了一些对我国城市废弃物资源化利用发展有益的启示和建议，同时，也发现了我国现存的城市废弃物资源化利用的很多问题：

（1）管理问题

迄今为止，仍然只有少数城市较为详细地划分了建筑垃圾处理时各个单位或者部门应该承担的责任，如《长沙市建筑垃圾的资源化利用管理办法》《上海市建筑废弃混凝土资源化利用管理暂行规定》和《许昌市建筑垃圾管理及资源化利用实施细则》中都对建筑垃圾资源化利用管理工作各职能部门的分工进行了较为详细的划分，其他大部分城市的相关法规文件只是简单地概括了一句"各司其职"，其相关领域的责任分工并不明确。而且，由于大部分城市缺乏建筑垃圾管理的定量指标和相关的标准规范，导致很多职能部门对自身负责范围内的管理更加困难，不清楚到底管不管。

（2）法律法规问题

近些年来，我国每一部涉及相关领域的法律法规、指导文件或者地方文件基本上都提出要节能减排，减少建筑垃圾的产量，促进建筑垃圾的资源化利用等，但是很少有法律文件或者工作方案能具体说明到底应该怎么做，以什么样的标准做等一些具体行动措施，而且也没有建筑废弃物资源化利用所需要的相关性能参数，即使有一些文件规定了必须去做，但是如果企业不做废弃物资源化利用的话，企业所受到的惩罚远远低于它去做资源化利用这个事情所承受的代价，因此相关的强制性法律法规对于企业来说基本没有什么威慑力。

（3）宣传教育问题

几乎所有的相关文件都提到了要积极宣传教育相关领域等，但是实际行动做得太少了，宣传力度还远远达不到要求。民众和建筑企业根本没有意识到继续随意排放建筑垃圾会带来多么严重的后果，他们缺乏对于相关领域的环保意识，同时，他们对相关领域的再生产品认可度也不高，很难接受相关再生产品，导致建筑废弃物再生产品市场产业链的建设举步维艰，严重阻碍了相关领域的发展。

因此，对于国内一些在城市废弃物处理领域还在起步阶段的地方城市以及虽有一定成效但还有一定进步空间的城市，若想在资源化利用领域取得长期快速发展，就必须通过借鉴及结合现实情况分析来解决以上三个问题，建议如下：

（1）从国内几个典型城市尤其是资源化利用率达到 95% 的许昌市的相关领域的政策法规中汲取一些经验，例如资源化再利用的具体工艺以及再生产品的标准等；

（2）学习国外发达国家在相关领域的做法，让建筑废弃物的分类以及资源化再利用方法更加细致和具体；

（3）完善城市废弃物资源化利用领域的法律法规，推动建设完备的城市废弃物资源化利用领域的法律法规体系；完善废弃物资源化利用相关标准规范，提升相关再生产品的质量；

（4）加大政府对相关产业的支持力度，加大优惠和补贴，让更多的企业被吸引并参与到建筑废弃物资源化利用的行业中来，完善相关领域的市场产业链；

（5）对于违反相关法律法规的行为，要加大惩罚力度，在相关领域的刑事处罚上做到"重刑重罚"，让企业不敢犯；

（6）细化管理，减少管理混乱或者无人看管的局面，让相应的职能部门真正明确它的职责，从而创建一个良好的管理体系，同时加大政策的强制性，提升相关领域违法行为处罚力度，同时也能让更多的再生产品能够投入到市场中，推进当地相关领域的发展。

6.6　本章小结

本章通过对发达国家城市废弃物处理及资源再利用领域的法律法规、技术举措以及我国现行的几个地方城市废弃物资源化利用相关条例与办法进行总结及差异性原因分析，结合我国各城市废弃物管理和利用现状，探索我国未来建筑垃圾资源化的发展走向，给我国各地方城市在建筑垃圾资源化利用方面的发展提出建议。

德国、美国和日本在制定城市废弃物利用的相关政策法律法规时，由于其不同的国情，在相关领域的政策法规都有其差异所在：一是相关领域的法律法规；二是相关领域的技术标准规范。它们都颁布实施了相关的强制性的法律法规，建立了较为完备的相关技术的法律体系，为其发展提供了保障；同时政府采用一些经济性和优惠政策来鼓励和引导再利用技术的发展，同时让再生产品形成完善的市场产业链；此外，他们也尤其注重培育本国公民的环保意识，让民众也愿意接受资源化再利用后的产品。但相比于德国和美国，日本在与城市废弃物资源化利用法律法规以及推广和使用建筑废弃物再生材料两个方面规定得更为严格和细致，且更为系统。

我国在城市废弃物资源化利用领域起步较晚、技术较为落后、相关的政策法律法规体系并不完善，与世界一些发达国家相比还有很大的差距，但我国从不懈怠，一直在努力改变着现状，并努力追赶发达国家，如 2003 年制定的《中华人民共和国清洁生产促进法》、2005 年的《城市建筑垃圾管理规定》，之后更是出台了十几份国家层面的文件，如《"绿色建筑及建筑工业化重点专项"2017 年度项目申报指南》《建筑节能与绿色建筑发展"十三五"规划》等。同时，各地方城市也已进入城市废弃物资源化利用的探索阶段，如北京、上海、深圳、许昌这几个典型城市，尤其是许昌市的建筑垃圾综合利用率可达到95%。长沙、郑州、合肥等城市近几年也在不断发展本市相关领域，出台了一些较为详细的相关文件，推进了当地建筑废弃物资源化利用领域的发展。

通过对国外发达国家建筑废弃物资源化利用政策的研究和国内相关领域政策法律法规的探讨以及对比、分析国内的一些城市在相关领域的政策，发现了我国城市废弃物资源化利用在管理、法律法规、宣传教育方面存在的问题，同时得出了一些对我国城市废弃物资源化利用发展有益的启示和建议，希望可以推进我国在城市废弃物资源化利用领域的发展。

第7章 城市废弃物管理措施

本章主要对欧盟、美国、日本、韩国、新加坡等国的城市废弃物管理措施进行了调研，调研了上述国家城市废弃物资源化利用的优惠政策、监管机制、技术体系、推广方式、产业链。分析了各国根据国情出台的不同管理措施，调研了各国城市废弃物处置企业的建设、运行和管理，并归纳和总结了其管理措施体系。

同时对北京、上海、深圳、许昌、青岛、西安、长沙等国内典型城市的城市废弃物管理措施进行了调研，调研了上述城市城市废弃物优惠政策、监管机制、技术体系、推广方式以及产业链。

7.1 国外对城市废弃物的管理措施

调研发现，国外大多施行"建筑废弃物源头削减策略"，这些国家会在建筑废弃物产生前，就将其减量化（通过科学管理或者其他手段），并结合各国实际，通过强制性或鼓励性政策促使城市废弃物进一步资源化利用，再通过回收回用技术开发与再生产品推广应用，提高城市废弃物的回收回用率。

7.1.1 优惠政策

优惠政策充分体现了各国政府的政策导向，先进国家在城市废弃物回收回用方面的优惠政策主要包括两个方面：一方面是从源头上控制，通过收税、罚款等措施控制城市废弃物的产生，减少城市废弃物的随意处置；另一方面主要是通过减免税收、补贴财政与费用返还等方式资助城市废弃物处置企业，鼓励再生产品的生产和研发。同时在需求端进行拉动，通过政府采购、价格优惠等措施鼓励政府项目和建设单位使用城市废弃物再生产品。

7.1.1.1 财政补贴政策

财政补贴政策主要是通过城市废弃物资源化利用产品的财政补贴、城市废弃物资源化利用项目的财政返还和示范企业或工程的财政补贴来降低城市废弃物处理、回收成本。

（1）城市废弃物资源化利用再生产品的财政补贴

建设单位在工程项目中使用经国家城乡建设行政主管标识的城市废弃物再生产品达到相应比例后，给予一定的补贴。

（2）城市废弃物资源化利用项目的财政返还

例如，英国政府将利用城市废弃物生产的新型建筑材料纳入新型墙体材料范畴，执行新型墙体材料专项基金返还政策。在英国，企业可以通过政府补贴来减少城市废弃物的产生量。从2005年到2008年这三年时间，政府税收部门专门拨款近3亿英镑来实行《企业资源效率和废弃物计划》，其中近70%的资金用于城市废弃物回收回用。

（3）示范企业的财政补贴

例如，新加坡政府给五家城市废弃物处置公司发放了牌照，并给予一定的财政补贴，让它们专门负责全国城市废弃物的收集、搬运、处置及生产可再生产品。同时，新加坡专门建立了循环工业园，对园内企业的租金进行财政补贴，给予经济支持。福泉丰环保私人有限公司就是其中的示范企业，该企业总投资额达到了300万新元，每年财政补贴超过20万新元。

此外，为了支持相关企业增加对城市废弃物资源化设备、技术研究及人才培养上的投入，日本政府在财政方面给予了大力支持，先后制定并实施了技术研究开发补助金制度、资源化设备生产补助制度、先导型能源利用设备引进补贴制度和推进循环型社会的技术实用化补助优惠政策。

7.1.1.2　税收优惠政策

（1）美国

部分城市废弃物资源化利用的企业所得税可以减免，例如，"生产原料中使用了至少30%城市废弃物的特定建材产品""再生沥青混凝土""建筑砂石骨料"可免税。而对其他类型的城市废弃物资源化产品可享受一定的税收优惠政策。

（2）日本

经营城市废弃物回收回用技术研究和资源化的企业可通过一定的程序申请成为高新技术企业，然后该企业所经营的产品可通过一定的程序申请成为高新技术产品，高新技术企业和产品可以减免15%的税收。对政府认定的城市废弃物回收回用资源化设施可以减免不动产税，并实行"加速折旧"政策降低企业的税收成本，规定对于使用了城市废弃物回收回用设备的企业可以享受相应设备价值1/4的特别折旧，同时相关企业的技术研究、产品开发可以享受税收减免。同时，日本的《节约能源法》规定，节能指标合格的企业可以享受税收优惠政策，包括政府部门的财政补贴、银行的优惠贷款；相反，政府将对节能指标不合格的企业处以约 100 万日元的罚款。

7.1.1.3　金融支持政策

日本金融支持政策主要包括政府的贴息贷款和银行的优惠贷款。

新加坡对废弃物处理、回收的资源处理企业生产产品若符合"绿色建材产品认证"，建议金融机构给予企业相应的低息贷款。

美国各个州为新建的城市废弃物回收回用资源化企业提供贷款优惠政策。

国外关于城市废弃物的相关优惠政策见表 7.1。

表 7.1　国外关于城市废弃物相关优惠政策

国家	相关优惠政策
德国	多级的废弃物收费价格体系和优惠体系
英国	填埋税、财政补贴
美国	税收减免、优惠贷款
日本	财政补贴、低息贷款、税收返还
新加坡	财政补贴、研究奖励

7.1.2　监管机制

监管机制是对督查事项的跟踪监督与管理，体现了政府部门在该领域的监督管理力度，先进国家对城市废弃物回收回用实行全过程的监督和管理。在城市废弃物产生阶段，发达国家政府主要通过税收和罚款的政策控制城市废弃物的随意倾倒处置。此外，美国和日本通过准入制度和传票制度对城市废弃物的运输进行全过程管理和监督，有力保证了城市废弃物的回收回用。

总的来说，各国普遍采用了以经济手段辅助严格监管的方式对城市废弃物资源化利用进行管理。

7.1.2.1　收费控制型

（1）日本

日本政府通过对相关企业、居民采取排污计量收费、超标违法时加重收费等方式，减少了城市废弃物量。对于随意倾倒废弃物或者违规处置废弃物的个人和企业，日本政府出台了一系列处罚措施，包括了罚款、接受教育以及追究民事责任。一方面是实行垃圾付费，日本垃圾收费方式主要包括按垃圾产生量收费以及超标惩罚性收费等。另一方面是工业垃圾减量，主要措施有：明确了生产企业对工业垃圾收集和处置的责任，控制工业垃圾的产生；同时，通过一系列的法律法规，采取各种措施，从源头上控制建筑垃圾的产生量。

（2）德国

德国政府对每户居民收取废弃物处理费，每年 90 欧元，主要用于资助城市废弃物资源化企业。德国还在 2011 年通过的《建筑垃圾法增补草案》中，将建筑垃圾各种组分的利用率作了详细的规定，并对未按规定回收回用资源化的建筑垃圾将收取垃圾存放费，每吨 600 欧元。

（3）新加坡

新加坡对城市废弃物排放收取每吨 77 新元（折合人民币 390 元）的堆填处置费，增加城市废弃物随意处置成本，以控制城市废弃物产生量。对随意倾倒或非法处置城市废弃物的企业和个人，可被处以高达 5 万新元的罚款（大约 25.3 万元人民币）或最高监禁 12 个月或两者同时惩罚，同时没收城市废弃物运输车辆。

（4）芬兰

芬兰政府对城市废弃物收取垃圾处理费，费用的多少根据城市废弃物产生量来确定，废弃物的产量越多垃圾处理费越高。为鼓励对城市废弃物进行分类，分类垃圾收费一般要比混合垃圾收费低得多。通过这些措施，城市废弃物的利用率达到了 70%。

7.1.2.2　税收管制型

（1）丹麦

丹麦政府主要通过对城市废弃物从源头上进行严格的分类和放置，并采取不同的处理方式，同时收取高低不同的城市废物处理税。其中，垃圾填埋收税最高，垃圾焚烧税次之，废物循环回收利用则是免税。同时，还不断提高填埋和焚烧城市废弃物赋税额度。在 1987 年，垃圾填埋税和垃圾焚烧税为每吨征收赋税 5 欧元，到了 1999 年，填埋税提高到了 50 欧元。通过这些措施，丹麦的城市废弃物处理方式变成了金字塔形，占据金字塔顶端的是垃圾填埋，占整个垃圾处理量的 10%；金字塔中间位置是垃圾焚烧，占整个垃圾处理量的 25%；金字塔最下方是垃圾回收再利用，占整个垃圾处理的 65%。

（2）英国

英国政府也对废弃物填埋收取一定的税收，并不断提高了废弃物（填埋）税，起初每年提高 1 英镑/t（1999 年到 2004 年）；之后每年提高 3 英镑/t（2005 年到 2007 年）；而从 2008 到 2010 年每年提高 8 英镑/t，从而有效地控制城市废弃物的直接填埋。2011 年，英国的"垃圾填埋税"达到了每吨 56 英镑，相关企业直接填埋处置建筑垃圾的费用相当昂贵，仅仅废弃物的花费便占了公司营业额的 4%。

此外，从 2009 年开始，英国政府在伦敦开始征收垃圾桶税，缴纳的税收额根据垃圾容量来确定。政府给 1/5 的居民家庭发放了带轮的、小型电子芯片的垃圾箱，每个家庭必须进行垃圾分类，未对垃圾进行分类的家庭会被处以罚款。垃圾箱的芯片内详细刻录了垃圾桶主人的信息，特别是在各个时段产生的垃圾质量和类别，根据该信息向各个家庭征收垃圾桶税。向垃圾超标的家庭收取一定的费用甚至处以罚款。英国政府通过这些措施，有力减少了垃圾直接填埋的压力，大幅度提高了城市废弃物资源化利用率。

7.1.2.3　准入制度和传票制度

市场准入制度就是，为保证城市废弃物资源化利用率，具备相关规定条件的企业才允许进行城市废弃物资源化利用经营活动，具备规定条件的再生产品才允许生产销售的监督制度。

（1）日本

日本制定和实施了传票制度和准入制度，全过程监督和管理城市废弃物的处理，提高了废弃物处置的质量。日本的传票制度规定了城市废弃物排放者的义务，同时明确规定了排放者确认处理完毕的具体方法。这些传票由 7 联复写纸组成，分别为 A、B1、B2、C1、C2、D、E 票。在经历了运输、处理等多个环节后，第一排放者只有在 A、B2、D、E 票都齐全的情况下，才可以最终确认建筑垃圾的处理结束。

按照传票制度相关规定，对于排放者而言，如果传票交付 90d 内 B2、D 票没有传回，180d 内 E 票没有传回，排放者就有义务掌握废弃物状况，采取适当措施并汇报给都道府县知事。如果不主动呈报，就会受到处罚。此外，产业废弃物排放者和处理业者都需要保留传票至少 5 年，一旦出现非法丢弃，这些传票就会成为重要线索。

传票制度建立后，日本非法处理城市废弃物的现象大幅减少，政府部门掌握产业废弃物的数量、种类、处理途径等信息变得十分简单，因此传票制度的建立让日本受益良多。

（2）美国

美国制定和实施了一系列制度和规范，主要包括建筑垃圾运输准入制度、《建筑垃圾填埋场设计规范》、处理建筑垃圾行政许可制度等。建筑垃圾运输准入制就是政府相关部门负责对运输企业的业务资质进行审核、认定、登记，对已准入建筑垃圾运输市场的运输企业进行考核与管理，并建立和实施完善的年检制度和退出机制。凡具备建筑垃圾运输资质且满足经营及管理条件的企业，均可向市城市管理行政执法局提出建筑垃圾、渣土运输市场准入申请。对于未在城市相关部门进行审核、登记的个人和企业不得进行建筑垃圾运输，否则将对其进行处罚，涉嫌违法犯罪者将追究其刑事责任。该制度也整顿和规范了渣土运输市场。

7.1.2.4 其他方式

（1）美国

美国政府关于城市废弃物的监管机制到目前为止一共有"三代"。第一代是由以政府为主体，通过政府这只"有形的手"，控制废弃物产生量；第二代是基于以市场为主体，通过市场这只"无形的手"，迫使企业在城市废弃物在源头上削减投入人力物力；第三代是政府宏观调控和市场经济相结合，在进一步完善政策和企业的基础上实现政府的倡导和企业自律，建立完善的政策和监管体系，同时强调提高人民群众的参与意识、参与能力和积极性。

（2）新加坡

新加坡建立了完善的监管体系，从国家环境局到环境保护署、环境公共卫生署，最后到半官方半民营性质的城镇理事会，从上到下建立了完善的监管体系，共同负责承担审批标书、签发废物收集牌照、公布废物收集作业规范、监管废物收集商，共同管理着城镇公共区域的日常卫生、公园清洁、长期的维修工程、城镇新建计划、中期改进计划、建筑物日常管理与定期维修服务和与居民沟通等工作。2008 年，新加坡城市废弃物产生量达到了 70 万 t，97% 的城市废弃物都进行了合理的处置，60% 的城市废弃物进行了资源化利用。

此外，新加坡相关部门会全程监督和管理弃物回收回用资源化的过程。例如，在工程竣工验收时，建设局会将废弃物收集和处理情况纳入考核范围，废弃物处置不合格的项目，则不予发放建筑使用许可证。

新加坡还实行特许经营制度，政府给五家城市废弃物处置公司发放了牌照，让它们专门负责全国城市废弃物的收集、搬运、处置及生产可再生产品。城市废弃物处置公司必须严格按照相应的法律法规进行运营。若服务不达标或考核不合格，政府将对其进行处罚，轻者罚款，重者吊销牌照。

国外关于城市废弃物的监管机制汇总见表 7.2。

表 7.2　国外关于城市废弃物的监管机制

国家	监管机制
英国	税收管制型
丹麦	税收管制型
德国	收费控制型
瑞典	收费控制型
新加坡	税收管制、特许经营和完工验收检查和监管体系
美国	政府宏观调控和市场经济相结合，实行传票与准入制度
日本	全过程监管，实行传票与准入制度

7.1.3　技术体系

由于起步早，国外先进国家建立了完善的城市废弃物资源化利用技术体系，主要包括废弃物减量化技术、废弃物分离技术和废弃物再生技术三个方面的技术。

7.1.3.1　日本

日本的城市废弃物资源化技术主要有垃圾减量化技术、垃圾分离技术和再生技术，具体包括零排放施工、工业化技术，回收回用混凝土、砌块、沥青、木材、工程弃土技术，城市废弃物焚烧发电、运用废弃物制备生物燃料技术，设计、规划与零排放技术。

（1）垃圾减量化技术

日本政府处置城市废弃物的第一原则是防患于未然，力争从源头上减少废弃物产生，从设计上尽量运用环保可回收回用可再生的材料，尽量减少建造过程中建筑垃圾的产生，遵循减量化原则。日本政府在规范中明确要求设计师要考虑达到建筑使用年限后拆除得到材料的可资源化比例，施工单位要采用可资源化的建筑材料和绿色的施工方法，尽量做到施工零排放，不合格者不给予验收。

（2）垃圾分离技术

日本政府将城市废弃物进行具体、严格的分类，各个类别的城市废弃物都有系统高效的处置方法和设备。工程项目中产生的废木料的再利用途径一般有三种：可以用作模板或者建筑用材，可以粉碎为碎屑作为造纸的原材料，还可以利用废弃木材发电或者直接当作燃料使用，将城市废弃物转化为沼气用于能源的技术也日益成熟。城市污泥经过脱水处理后，添加水泥和石灰等固化材料进行稳定化处理，当满足规定的技术标准时，可以直接作为回填土甚至换填土使用。

（3）再生技术

日本研究发明了混凝土废料和石子的分离再生技术，该技术首先将混凝土废料破碎成直径小于40mm的颗粒，然后在280℃左右高温下进行热处理，最后在专门的设备作用下使这些废料相互撞击、摩擦，使混凝土水泥砂浆与石子相分离。得到的石子和天然的骨料相差无几，可以再次用来制备混凝土，得到的砂浆可以用于路基稳定化处理，资源化利用率几乎达到100%。

7.1.3.2 欧盟

欧盟在城市废弃物资源化利用方面长期投入了较大的人力物力，因此建立了完善和高效的技术体系，主要由垃圾减量化设计、城市废弃物分离处理和再生骨料利用技术等技术构成。

（1）垃圾减量化设计技术

为了城市废弃物的减量化，英国政府十分重视垃圾减量化设计，英国皇家建筑师协会（RIBA）通过《垃圾减量设计》中强调：减少建造过程的材料消耗，降低废弃物产生量最行之有效的方法是在建造最开始的时候进行控制，因此应该在设计过程中就考虑到控制废弃物的产生。英国逐步制定和发布了一系列关于城市废弃物减量化和再循环指南，包括《废弃物和资源行动计划》和《废弃物再循环指南》等，旨在强调垃圾减量化设计的重要性，并为其提供技术性支持。

（2）城市废弃物分离处理技术

英国政府还拨专项资金研究了废弃物资源化设备，已成功开发了用来回收湿润砂浆和混凝土的冲洗机器。在废混凝土处理工厂中，首先要分离出废混凝土中的砂，然后采用破碎机将混凝土块破碎，之后用筛子将碎块按粒径大小进行区分，就能作为再生骨料或再生碎石使用。施工中散落的湿砂浆、混凝土，可用湿润砂浆和混凝土的冲洗机器冲洗，冲洗之后可以分为水泥浆、石子和砂进行回收。建设工程中的废木材也可以回收再利用，通常可用作模板或者建筑用材。除此之外，也可以粉碎为碎屑后，用来造纸或者作为燃料使用。废金属、钢料经分拣、集中、重新回炉后，可加工制成各种规格的钢材。

德国开发出了干馏燃烧垃圾处理工艺，经此工艺分离出的再生材料十分干净，而且，在工艺流程中还会产生燃气，这些燃气可以用于发电。通过此工艺处理的建筑垃圾，每吨仅会余下2~3kg的有害重金属物质，从而有效地解决了垃圾占用大片耕地的问题。

（3）再生骨料生产技术

经过多年探索，德国建立了完善的关于混凝土回收骨料的规范和标准体系，例如，德国工业标准 DIN4226-100、欧洲标准 206-1 和德国工业标准 DIN1045-2。德国工业标准 DIN4226-100 规定了回收骨料的种类，主要包括砌砖碎块、建筑碎块、混合碎块和混凝土垃圾。并对各种回收骨料的具体成分、含水量、重度、孔隙率和有害元素做了详细、严格的规定，有效保证了混凝土回收骨料的质量。

荷兰建立了关于再生骨料的技术标准体系，根据再生粗骨料的具体成分将其分为几个等级。荷兰政府倡导在实际工程项目中将天然骨料掺入再生粗骨料，大大提高了再生骨料的各项性能。荷兰还颁布了利用再生混凝土骨料制备素混凝土、钢筋混凝土和预应力钢筋混凝土等规范，提出了用再生骨料生产混凝土的详细技术指标。规范规定再生骨料的量不得多于骨料总量的 20%，否则就应该完全按照生产普通天然骨料混凝土进行配合比设计和制备。

丹麦政府颁布了再生骨料技术规范，根据再生骨料的密度、孔隙比、轻骨料含量、矿物成分、有害元素含量和粒度分布将再生粗骨料分为两个等级，并对各项指标的标准值做了详细规定。丹麦混凝土协会还制定了规范修正案，将用再生骨料制备的混凝土按强度分为两类：第一类是强度低于 20MPa 的，第二类是强度为 20～40MPa 的。当再生骨料的各项性能指标符合规范要求时，允许再生骨料在适当的情况下用于某些适宜的结构。

7.1.4　推广方式

先进国家根据本国的基本国情，对城市废弃物进行详细的分类、收集，并在公路和建筑的适合混凝土工程上，将再生骨料混凝土作为替代材料使用。特别是欧盟部分国家推行环境标志，引导公众购买环保产品，促使企业自觉使用绿色生产技术。研发绿色产品生产技术，不仅是对城市废弃物再生产品，对于其他废弃物的资源化产品的推广都有广泛的借鉴作用。

7.1.4.1　日本

日本政府在城市废弃物资源化产品宣传上投入了巨大的人力物力，扩大宣传的广度和深度，让人们从小开始接受资源化教育，以点带线，以线带面，影响整个社会，特别注意采取合适有效的方式。

（1）注意基础性：从各级学校教育开始灌输废弃物资源化的理念，力求通过教育影响学生，然后通过学生影响家长，再用家庭带动社会；

（2）注意针对性：日本政府定期举办填埋现场的参观会，使用不同形式材料进行文字宣传，开展"孩子们的 ISO 14000 事业"等活动，让孩子们通过自己动手体验环保，从小培养孩子们的环保意识；

（3）注意趣味性：通过成立儿童环保俱乐部、制作趣味环保连环画、成立环保志愿者组织等方式，让孩子们开心的参与，寓教于乐；

（4）注意持久性：采用多种多样的载体进行宣传，通过电视、电台、网站、文化衫、日历卡、垃圾箱以及公交卡等进行全方位、广泛的宣传，使人们潜移默化地接受环保理念。

另外，日本还开展废弃物联络会、废弃物行政讲演会、区市町村清洁协议会等，促进各个地区之间的城市废弃物资源化的经验交流。官方统计数据指出：在日本，在政府长期的大力引导下，95%的日本群众都关注社会的城市废弃物资源化问题，几乎所有市民都倾向于购买印刷有环保标志或废弃物产生量少的商品，虽然这些商品的造价高了不少。

7.1.4.2　德国

德国主要通过标识制度进行推广，德国是世界上最早推行环境标志的国家。环境标志是一种标在产品或其包装上的标签，是产品的"证明性商标"，它表明该产品不仅质量合格，而且在生产、使用和处理处置过程中符合特定的环境保护要求，与同类产品相比，具有低毒少害、节约资源等环境优势。

这种证明性标志，可以让消费者了解产品的安全性，便于消费者进行绿色选购。而消费者的选择和市场竞争，也会引导企业自觉调整产业结构，采用清洁生产工艺，生产对环境有益的产品，最终达到环境保护与经济协调发展的目的。

通过政府不遗余力地广泛宣传以及一系列的经济手段，人民群众不仅在观念上认可，还在购买时优先选择这类产品，引导企业从生产到处置的每个阶段都十分重视环保要求，采用绿色生产方法，研发绿色环保的新产品和新技术。在环境标志的引导下，德国城市废弃物资源化利用进行得如火如荼。德国政府建立了许多大型的城市废弃物资源化工厂，仅仅在柏林就超过了20个。

7.1.4.3　英国

英国主要通过行业协会进行推广。通过协会，提升再生产品的知名度和影响力，增加行业认可度，扩大产品使用范围。

英国成立了碎石料咨询机构，鼓励在其生产过程中实现垃圾的减量化，要求在生产过程中便控制废弃物的产生，在建设过程中合理、科学地使用"粗骨料"，高质量骨料用于高要求的工程，低质量骨料用于低要求的工程，该机构还倡导用再生骨料代替天然骨料。

7.1.5　产业链

国外发达国家在城市废弃物利用上早已产业化、投资多元化、运营管理市场化，即把城市废弃物的处理建设成为与建筑行业配套的服务产业，让经济作为杠杆来调节和处理城市废弃物资源化问题。

城市废弃物资源化产业链是以节约资源、保护环境为目的，以企业为主体，运用先进的技术，将城市废弃物转化为可重新利用的资源和产品，实现城市废弃物再利用的经济组织集合。这是一种逆向产业，改变了传统第一二三产业的"资源—生产—抛弃"的生产模式，将城市废弃物作为原料进入生产系统，实现资源的循环利用。其生产模式演变为"资源—生产—原料—再生产"，建立"回收—加工—再利用"一条龙的产业关联，实现资源价值转移的最大化。

德国，在政府的干预下，城市废弃物回收行业、运输行业、资源化利用行业和相关支持性产业相互合作，使城市废弃物产业链顺利运行。受到政府政策扶持、设备和技术支持后，回收企业将城市废弃物回收，运输给资源化利用企业，生产再生产品，再出售给别的企业，实现产业链的循环。政府在产业链运作过程中，处于核心地位。政府除了直接的政策扶持外，还采用其他手段间接作用于该产业链，包括排放收费、财政补贴、赋税优惠等手段。

7.2　我国对城市废弃物的管理措施

7.2.1　优惠政策

国家层面上，我国虽相继出台了一部分优惠政策，但相应的财政、税收、金融等专项优惠政策并不健全。2009 年 1 月 1 日，国家开始实施《中华人民共和国循环经济促进法》，并提出了一系列"激励措施"，对我国的税收优惠政策做了原则性规定。其中第四十四条规定，我国对城市废弃物资源化利用项目和企业提供税收优惠，还利用财政补贴等政策鼓励引进先进的节水、节能、节材等产品、设备和技术，禁止能耗高、污染大的产品的出口。

城市层面上，除了北京、深圳、青岛、长沙等城市出台了一些经济优惠政策，大部分城市并没有出台关于城市废弃物的专项财政、金融优惠政策。

7.2.1.1　国家层面

（1）生产原料中掺入废渣比率不低于30%的特定建材产品免征增值税 ［特定建材产品，主要指砖（不含烧结普通砖）、陶粒、砌块、管材、墙板、砂浆、混凝土、道路护栏、道路井盖、保温材料、耐火材料、防火材料、矿（岩）棉〕；

（2）以垃圾为燃料生产的电力或者热力产品实行即征即退。垃圾用量占发电燃料量的比重不低于80%，并且生产排放达到《火电厂大气污染物排放标准》（GB 13223—2011）第1时段标准或者《生活垃圾焚烧污染控制标准》（GB 18485—2014）的有关规定；所称垃圾，是指城市生活垃圾、城市污泥、农作物秸秆、树皮废渣、医疗垃圾；

（3）以废旧沥青为原料生产的高性能沥青产品实行即征即退。高性能沥青应当符合相关规定；

（4）以废旧沥青混凝土为原料生产再生沥青混凝土，废旧沥青混凝土用量占生产原料的比重不低于30%生产的产品实行即征即退；

（5）对销售以建（构）筑废物、煤矸石为原料生产建筑砂石骨料的企业免征增值税；生产原料中建（构）筑废物、煤矸石的比重不低于90%；其中以建（构）筑废物为原料生产的建筑砂石骨料应符合《混凝土用再生粗骨料》（GB/T 25177—2010）和《混凝土和砂浆用再生细骨料》（GB/T 25176—2010）的技术要求；

（6）部分新型墙体材料产品的增值税实行即征即退50%的政策；

（7）再生节能材料企业扩大产能实行贷款贴息。

关于城市废弃物的其他相关优惠政策见表7.3。

表7.3 我国各部门关于城市废弃物相关优惠政策

各部门	相关优惠政策
第十一届全国人民代表大会常务委员会第四次会议	《中华人民共和国循环经济促进法》
财税部	《资源综合利用及其他产品增值税政策》
财税部	《特定建材产品实行免征增值税政策》
财政部	《再生节能建筑材料补助资金暂行管理办法》
计投部	《关于城市污水、垃圾处理产业化发展意见》
建设部	《城市建筑垃圾管理规定》
住房城乡建设部	《地震灾区建筑垃圾处理技术导则》

7.2.1.2 长沙

长沙市实行财政补贴和税收优惠和返还政策，从2017年6月1日开始实行《长沙市建筑垃圾资源化利用管理办法》，该办法具有以下规定：

（1）处置企业可在建筑垃圾运输抵达并完成处置后，向住房城乡建设部门申请建筑垃圾处置费用补贴。补贴资金按实际处置的建筑垃圾数量核算，核算及资金拨付工作由住房城乡建设部门牵头，财政、城管执法部门配合。补贴标准为 3.0 元/m^3，补贴费用从收取的建筑垃圾处置费中列支；

（2）经建设行政部门核准的综合利用企业生产的再生产品符合国家资源化利用鼓励和扶持政策的，按照国家有关规定享受增值税返退等优惠政策；

（3）通过科研立项资助、成果转化资助等方式鼓励企业进行技术创新；对采用先进技术的企业给予一定的设备采购补贴，或者采取以奖代补的方式，奖励采用先进技术设备的项目。

市住房和城乡建设委牵头负责全市建筑垃圾资源化利用工作，建筑垃圾处置量核算和补贴资金拨付工作，管理建筑垃圾资源化利用企业；市国税局负责落实有关建筑垃圾资源化利用及再生建材产品的税收优惠政策。

7.2.1.3 北京

（1）将城市废弃物资源化利用纳入绿色经济发展规划，颁布了城市废弃物资源化利用鼓励性政策；

（2）加快城市废弃物资源化利用技术、装备研发和推广，完善城市废弃物再生产品质量标准、应用技术规程，开展城市废弃物资源化利用示范；

（3）研究建立城市废弃物再生产品标识制度，将城市废弃物再生产品列入推荐使用的建筑材料目录、政府绿色采购目录；

（4）支持一批技术先进、环保达标、资源回收率高的可再生资源利用企业发展，组建城市废弃物再利用联盟，建筑废弃物处置补贴资金按再生建材产品中建筑废弃物的实际利用量予以补贴，补贴标准为每吨2元；

（5）建设、施工单位应当采用符合国家标准或行业标准的建筑材料回收利用产品。根据相关政策规定，按比例退返新型墙体材料专项基金。

7.2.1.4 深圳

（1）城市废弃物综合利用企业依法享受税收减免、信贷、供电价格等方面的优惠。从事城市废弃物综合利用技术开发和产业化的企业可以依法申请认定高新技术企业，其所从事的项目可以依法申请认定高新技术项目。经认定的，在税收、土地等方面享受高新技术企业、项目的优惠。

（2）实行城市废弃物排放收费制度。按实际排放费收费和按城市废弃物产生量定额计量两种方式收费。

（3）实行城市废弃物再生产品标识制度。标注城市废弃物再生产品标识，并列入绿色产品目录和政府绿色采购目录。

（4）生产用地补贴资金。对符合补贴条件企业的厂区用地，结合企业的生产规模予以补贴，补贴标准按 3 元/m²。

7.2.1.5 青岛

（1）市、区发改委将建筑废弃物资源化利用项目列为重点投资领域；

（2）工程项目使用城市废弃物再生混凝土、再生砖、再生干粉砂浆和再生种植土分别达到总用量的 30%、20%、10%、10%，城市废弃物处置费全额返还；工程项目部分使用城市废弃物再生产品，未达到前项规定占比的，城市废弃物处置费按照实际使用占比返还；

（3）全部或者部分使用财政性资金的建设工程项目，使用建筑废弃物再生产品能够满足设计规范要求的，应当采购和使用建筑废弃物再生产品；

（4）应当对城市废弃物回收利用企业的技术进步、节能改造项目，通过多种方式给予政策支持或资金补贴。

7.2.1.6 广州

2015 年广州市政府发布了《广州市建筑废弃物综合利用财政补贴资金管理试行办法》，意见稿显示建筑废弃物再生利用可获财政补贴。

补贴资金采用建筑废弃物处置补贴资金和生产用地补贴资金的方式，即建筑废弃物处置补贴资金按再生建材产品中建筑废弃物的实际利用量予以补贴，补贴标准为每吨 2 元；生产用地补贴资金对符合补贴条件企业的厂区用地（不含政府免费提供地及移动式生产项目用地）结合企业的生产规模予以补贴，补贴标准按每月每平方米 3 元。

获得补贴的项目必须是通过竞争性资源配置的建筑废弃物综合利用项目，或者纳入该市建筑废弃物消纳场布局规划的建筑废弃物综合利用项目。生产的产品应当以建筑废弃物为主要原料，且利用比率在 70% 以上。产品应当符合国家和地方的产业政策、建材革新的有关规定、产品质量标准及通过产品质量认证等。

其余优惠政策见表 7.4。

表 7.4 我国典型城市关于城市废弃物的相关优惠政策

城市	相关优惠政策
长沙	《长沙县城市建筑垃圾管理办法》
长沙	《长沙市城市市容和环境卫生管理办法》
长沙	《长沙市建筑垃圾资源化利用管理办法》
北京	《北京市生活垃圾管理条例》

城市	相关优惠政策
北京	《北京市人民政府关于加强垃圾渣土管理的规定》
北京	《关于全面推进建筑垃圾综合管理循环利用工作的意见》
北京	《关于调整本市非居民垃圾处理收费有关事项的通知》
上海	《上海市建筑垃圾和工程渣土处置管理规定》
上海	《上海市绿色建筑发展专项规划》
深圳	《深圳市建筑废弃物减排与利用条例》
深圳	《深圳市建筑垃圾处置和综合利用管理办法》
青岛	《青岛市建筑废弃物资源化利用条例》
青岛	《青岛市城市建筑垃圾管理办法》
青岛	《青岛市建筑废弃物资源化利用处置费征收使用管理办法》
广州	《广州市建筑废弃物综合利用财政补贴资金管理试行办法》
许昌	《许昌市城市建筑垃圾管理实施细则》
许昌	《许昌市市区建筑垃圾管理办法》

7.2.2　监管机制

长沙、北京、上海、深圳、青岛、许昌和西安等城市都相继建立了较完善的监管机制，颁布了一系列具体的措施、规定，全过程监测、管理废弃物资源化利用。

7.2.2.1　长沙市

为加强对全省再生资源回收行业的监管，促进再生资源回收行业持续、快速、健康有序发展，根据商务部《再生资源回收管理办法》和《再生资源回收经营者备案说明》等文件的规定和要求，湖南省商务厅开发建设了湖南省再生资源回收经营者备案系统，并于 2017 年 8 月 10 日开始正式启用。

根据《再生资源回收管理办法》相关规定，再生资源回收经营者从事经营活动，应当在取得营业执照后 30d 内，按属地管理原则，向登记注册地工商行政管理部门的同级商务主管部门或者其授权机构备案。备案事项发生变更时，再生资源回收经营者应当自变更之日起 30d 内（属于工商登记事项的自工商登记变更之日起 30d 内）向商务主管部门办理变更手续。

市州商务主管部门，负责审核登记注册地在市州工商行政管理部门的再生资源回收经营者备案的申请，具有查看和统计本市州及所属区县所有备案企业相关数据的权限。

区县商务主管部门，负责审核登记注册地在本区县工商行政管理部门的再生资源回收经营者备案申请，具有查看和统计辖区内所有备案企业相关数据的权限。

再生资源回收经营者，应将《再生资源回收经营者备案登记证明》置于经营场所显著位置，其下属的回收站、市场可用备案登记证明复印件，以备交售者和监管部门检查。如工商营业执照被注销或吊销，应立即主动报告备案的商务主管部门，其备案登记证明亦自动失效，商务主管部门应督促经营者交回备案登记证明并公告作废。

未依法取得营业执照而擅自从事再生资源回收经营业务的，由工商行政管理部门依照《无照经营查处取缔办法》予以处罚；对于违反规定的经营者，由商务主管部门给予警告，责令其限期改正；逾期拒不改正的，可视情节轻重，对再生资源回收经营者处500元以上2000元以下罚款，并可向社会公告；有关行政管理部门工作人员严重失职、滥用职权、徇私舞弊、收受贿赂、侵害再生资源回收经营者合法权益的，有关主管部门应当视情节给予相应的行政处分；构成犯罪的，依法追究刑事责任。

长沙还实行建筑垃圾运输处置市场准入和退出制度。市场准入制度由市城管执法局对运输企业进入建筑垃圾运输市场进行审批，对进入建筑垃圾运输市场的运输企业和运输车辆实行规模控制和监督管理。运输企业从事建筑垃圾运输处置应当具备相关条件，详见《长沙市城市建筑垃圾运输处置管理规定》。符合要求的企业可以提交申请，由市城管执法局对运输企业提交的相关资料进行审核。对符合申请条件的车辆，由市城管执法局出具相关证明，市公安机关交通管理部门办理建筑垃圾运输车辆专用牌照；符合申请条件的运输企业，由市城管执法局核发建筑垃圾处置许可手续。

市场退出制度规定运输企业获得建筑垃圾处置许可后，在建筑垃圾运输活动中接受市城管执法局的考核管理。考核为不合格的，由市城管执法局责令限期整改；经整改仍不合格的，不再核发建筑垃圾处置许可手续。

《长沙市城市建筑垃圾运输处置管理规定》还规定建筑垃圾消纳场应按规定申请核准设置，不得擅自倾倒、接纳建筑垃圾。工地（含消纳场）应派出现场监管人员，对工地现场和运输车辆实行全程监控。建筑垃圾管理和执法部门要定期或不定期对工地及消纳场进行检查。对违反本规定的，要责令限期整改，并严格依法处理。

7.2.2.2 北京市

（1）建设单位要将建筑垃圾处置方案和相关费用纳入工程项目管理，可行性研究报告、初步设计概算和施工方案等文件应包含建筑垃圾产生量和减排处置方案。工程设计单位、施工单位应根据建筑垃圾减排处理有关规定，优化建筑设计，科学组织施工，鼓励通过使用移动式资源化处置设备、堆山造景等方式进行资源化就地利用，减少建筑垃圾排放。

（2）住房城乡建设行政主管部门将施工工地建筑垃圾分类存放和密闭储存工作要求纳入绿色达标工地考核内容，促进源头分类。建设工程应在规划设计阶段，充分考虑土石方挖填平衡和就地利用。同时，注意工程弃土消纳市场化运转体系建设，促进循环利用。

（3）建立房屋建筑工程（含拆除工程、装修工程）和市政基础工程建筑垃圾分类存放、分类运输标准及分类设施的设置规范。住房城乡建设行政主管部门将施工工地建筑垃圾分类存放和密闭储存工作要求纳入绿色达标工地考核内容，促进源头分类。

（4）建立完善建筑垃圾运输企业资质许可和运输车辆准运许可制度。承运建筑垃圾的企业要具备固定的办公场所和车辆停放场所，运输车辆持有绿色环保标志，安装机械式密闭装置和电子识别、计量监控系统。对获得相关许可的运输企业和专业运输车辆，核发统一标识和准运证件。建设单位或经建设单位委托运输建筑垃圾的施工单位，必须在具备许可资质的运输企业目录中选择运输企业及车辆。

（5）按照"谁产生、谁承担处理责任"原则，建设单位承担建筑垃圾运输费和排放处置费。遵循"弥补成本、合理盈利、计量收费、促进减量"要求，建立完善建筑垃圾运输费和排放处置费标准，促进规范的建筑垃圾运输和处置市场形成。建设单位处置建筑垃圾，必须选择具有消纳许可的资源化处置场或填埋场。

（6）建立健全动态、闭合的建筑垃圾全过程监管制度。对建筑垃圾种类、数量、运输车辆和去向等情况实行联单管理，确保其从产生、运输到处置全过程规范、有序。

（7）建立城市废弃物综合信息管理平台。公布城市废弃物产生量、运输与处置量、城市废弃物处置设施、有许可资质的运输企业和车辆等基础信息，公开工程弃土和城市废弃物再生产品供求信息，实现共享。

7.2.2.3 上海市

(1) 建设单位在工程招投标或者直接发包时，应当在招标文件和承发包合同中明确施工单位在施工现场对建筑垃圾和工程渣土排放管理的具体要求和相关措施；

(2) 产生建筑垃圾的建设或施工单位，应在工程开工前向环境卫生管理部门申报建筑垃圾处置计划，签订环境卫生责任书；

(3) 建设单位委托运输单位选择消纳场所的，由建设单位与运输单位签订运输处置合同，明确运输、处置建筑垃圾和工程渣土的数量，根据政府指导价协商确定运输费和处置费；

(4) 建设单位在办理工程施工或者建筑物、构筑物拆除施工安全质量监督手续时，应当向建设行政管理部门或者房屋行政管理部门提交建筑垃圾和工程渣土处置证；

(5) 建设单位在编制建设工程概算、预算时，应当专门列支建筑垃圾和工程渣土的运输费和处置费，并在申请核发建筑垃圾和工程渣土处置证前存入建设单位设立的建筑垃圾和工程渣土运输费、处置费专用账户。建设单位未将运输费和处置费存入专用账户的，不予核发建筑垃圾和工程渣土处置证；

(6) 市绿化市容行政管理部门应当会同其他有关行政管理部门建立建筑垃圾和工程渣土处置管理信息系统，将运输单位、运输车船、驾驶员、消纳场所有关信息以及建筑垃圾和工程渣土处置的申请、核准信息纳入该信息系统；

(7) 擅自倾倒、堆放、处置建筑垃圾和工程渣土或者承运未取得处置证的建筑垃圾和工程渣土，可根据情节轻重进行罚款甚至拘留。

7.2.2.4 深圳市

政府针对城市废弃物制定了具体的管理实施，指导、协调、监督检查各区城市废弃物的处理。在对渣土运输规范管理方面，深圳市近5000辆泥头车进行密闭加盖；在防止道路污染方面，深圳对全市施工工地实行地毯式、24h监督管理，对运输车辆规定运行线路和运输时间实行全过程管理。深圳市还颁布了《深圳市建筑废弃物减排与利用条例》，监督管理建筑废弃物的减排与回收利用。

(1) 建设单位在办理建设项目施工许可证前，应当将城市废弃物产生量及排放情况评估报告报市建设部门备案；

(2) 施工单位不得采用列入强制淘汰目录的施工技术、工艺、设备、材料和产品，违反本规定的，由市主管部门责令限期改正，并处5万元以上20万元以下罚款；施工单位违反规定在施工现场搅拌混凝土或者砂浆的，由主管部门责令改正，并按照混凝土 200 元/m³、砂浆 400 元/m³ 处以罚款；

（3）装饰装修房屋产生城市废弃物的，应当向市城管部门申报备案；

（4）实行建筑废弃物排放收费制度，主管部门应当根据建筑废弃物的分类情况、排放数量、收费标准向建设单位或者业主收取排放费；排放费全额上缴财政，全部用于支持建筑废弃物减排与回收利用活动；新建全装修成品房对建筑废弃物实行分类排放的，免收排放费；

（5）建设单位或者施工单位在领取城市废弃物处置核准文件后，应当向所在地区城市管理部门领取城市废弃物处置联单。

7.2.2.5 青岛市

（1）建设单位编制的项目可行性研究报告或者项目申请报告，应当包含建筑废弃物减量、分类和资源化利用的内容，并将相关费用列入投资预算；

（2）建设单位应当在新建、改建工程申请办理施工许可证前，编制建筑废弃物资源化利用方案，报送市、县级市城乡建设行政主管部门审核；

（3）建设单位、房屋征收实施单位或者建筑物、构筑物的所有权人，应当按照产生建筑废弃物的数量向城乡建设行政主管部门交纳处置费，并严格按照经审核的建筑废弃物资源化利用方案处置建筑废弃物；

（4）建筑废弃物资源化利用企业对无法利用的弃土、弃料等，应当按照规定到市、县级市环境卫生行政主管部门办理建筑废弃物处置核准；

（5）直接转让或者随意倾倒接收的建筑废弃物，或者以其他原料假冒建筑废弃物生产再生产品的，根据情节处以罚款甚至拘留。

7.2.2.6 许昌市

许昌市主要由城市管理局、公安交警部门、交通公路管理部门对城市废弃物资源化进行监管，城市管理局主要负责对许昌市内城市废弃物处置企业、工程项目进行统一审批、核准、监管；公安交警部门主要负责运输车辆市区通行证的办理，对于未办通行证或有其他违法行为的车辆进行处罚；交通公路管理部门负责对进入市区或过境未按规定装载建筑垃圾的超限、超载运输车辆依法进行查处：

（1）建筑垃圾的处置实行收费制度，收费标准依据许昌市物价部门核定标准执行，任何单位和个人不得擅自减免。对产生建筑垃圾的单位和个人不按规定提出处置申请并交纳建筑垃圾处置费的，建筑垃圾行政主管部门有权责令改正并补办手续。

（2）产生城市废弃物的单位和个人应在开工前向城市废弃物行政主管部门提出处置申请，申报需要处置的城市废弃物数量，签订卫生责任书。办理施工许可证的工程建设项目，应持有城市废弃物处置核准手续。

（3）产生城市废弃物的建设单位、施工单位或个人应与城市废弃物处置特许经营单位签订有偿协议，明确双方权利和义务。城市废弃物按照规定的时间收集、运输，且任何产生建筑垃圾的单位和个人不得将建筑垃圾交给建筑垃圾处置特许经营单位以外的其他单位或个人处置。

（4）任何单位和个人随意倾倒、抛撒或者堆放建筑垃圾的，由建筑垃圾行政主管部门责令限期改正，给予警告，并对单位处5000元以上5万元以下罚款，对个人处200元以下罚款。

7.2.2.7 西安市

（1）城市废弃物实行谁产生谁清理的原则，不具备清理条件的，可委托有经营城市废弃物运输资质的单位清运；

（2）产生城市废弃物的建设单位、施工单位或个人，必须在工程开工前向所在区市容环境卫生管理部门申报城市废弃物处置计划，并签订市容环境卫生责任书；

（3）经营城市废弃物运输的单位，必须向市容环境卫生行政管理部门申领城市废弃物运输资质证，建筑垃圾运输资质实行年审制度；年审不合格的单位取消建筑垃圾运输资质；

（4）城市废弃物消纳场的设置和管理，由所在区人民政府负责。设置的建筑垃圾消纳场应向市容环境卫生行政管理部门备案；城市废弃物消纳场实行有偿服务，收费标准按物价部门核定的标准执行；建筑垃圾消纳场停止使用前，设立建筑垃圾消纳场的单位，应搞好绿化，或按城市规划造山，并向市容环境卫生行政管理部门备案；

（5）擅自倾倒、堆放、处置城市废弃物或者承运未取得处置证的城市废弃物，可根据情节轻重进行罚款甚至拘留。

7.2.3 技术体系

7.2.3.1 长沙市

长沙市主要是由市科技局、市经济和信息化委负责组织开展建筑垃圾资源化利用技术及装备研发。

长沙市研发了再生沥青、再生水稳和精加工层垫层三项技术，在金洲大道改造项目中，仅用一个多月的时间，就将原本已经损耗的铺路材料挖出，利用自主研发的再生沥青和再生水稳等核心技术将其加工后，直接重新铺设道路，在废旧材料实现100%的循环再利用的基础上提升道路品质。

长沙市将城市废弃物生产成建筑与市政工程需要的绿色、环保、多品种、多层次的再生产品。他们研发了建筑垃圾分选分离设备和技术，将5%的垃圾清除，再研制了改善材料的增强剂、保湿剂和再生剂，经过再生产，将这些建筑垃圾100%变成修路的材料。

7.2.3.2　许昌市

许昌市通过破碎机等设备将城市废弃物破碎成不同大小的颗粒，设备拥有三个出料口，可以根据不同的用途，粉碎成需要的大小并流出。通过破碎、筛选等步骤，城市废弃物转变成可以直接进行资源化利用的原材料，例如直接进行回填地面、铺设道路，还可以制作各种砌块，变废为宝。许昌市将破碎后质量较高的材料用作制造砌块、砖，这些砌块和砖的各项性能十分优越，强度高、产量大、不占用耕地、不破坏田地。粉碎后质量较低的材料可用作铺路、修路时作稳定层。

7.2.3.3　邯郸市

邯郸市处置城市废弃物的主要方法：先利用振动筛子去除掺杂的泥土，再将剩余的瓦砾、砖头、灰渣土以及废弃混凝土块等进行两级粉碎，粉碎成绿豆大小的颗粒和粉末，再与粉煤灰、水泥按一定配合比混合、搅拌，通过压模成形、自然养护等工序，制造出各式各样的标准砖、多孔砖、混凝土砌块等建筑材料。这些砖的各项性能都达到了标准，其强度高、耐久性好、自重轻、保温隔热性能优异、外形尺寸工整。

7.2.3.4　青岛市

青岛市的主要措施是城市废弃物经加工制造成再生骨料（石子、机制砂、石屑）和工程土等，并进一步加工生产再生骨料混凝土、砂浆、新型墙体材料等，确保了城市废弃物100%实现资源化利用，使"废弃"资源得到了充分利用。

7.2.3.5　西安市

2010年6月，西安市第一台城市废弃物处置设备——移动破碎站在市北郊二环一建筑工地开始应用。根据建设单位介绍，用该设备处理大块的废弃混凝土，通过破碎、筛分、传送、去除杂质等一系列步骤，最终得到了一堆颗粒均匀的混凝土颗粒，这些混凝土颗粒可以应用在不同途径上，实现了混凝土资源化利用。

7.2.4　推广方式

由于国家对城市废弃物再生利用越来越重视，地方政府也不断提高对城市废弃物再生产品的重视程度。政府给予了坚定的政策支持，在经济上给予一定补贴，对废弃物再生产品加大宣传力度，扩大推广应用示范工程。住房城乡建设部部门对于用城市废弃物制造的新型墙材，纳入新型墙体材料范围，执行新型建材专项基金返退政策，对于满足环保、节能要求的产品，可享受新型墙体材料专项财政补贴和税收补贴。目前，虽然我国政府鼓励可再生产品的利用和推广，并出台了一些措施，各地政府也积极响应，但是实施得程度各不相同，发达地区实施得比较好。然而，尚未形成系统、科学的推广体系。

7.2.4.1 长沙市

《长沙市建筑垃圾资源化利用管理办法》规定建筑垃圾再生产品符合相关要求的，列入两型产品目录和政府采购目录，定期向社会公布；政府投资的城市道路、河道、公园、广场等市政工程和建筑工程均应优先使用建筑垃圾再生产品，鼓励社会投资项目使用建筑垃圾再生产品；在工程项目招投标时，使用省市两级政府两型产品目录中的建筑垃圾再生产品的投标主体，根据再生产品应用比例，按照《长沙市人民政府办公厅关于进一步做好两型产品推广使用工作的通知》（长政办函〔2015〕99号）精神，给予总分1~3分的加分。主要可以归纳为以下几个方面：

（1）采用政府干预的办法。对于政府直接投资的项目，在项目建设科研、环评、初步设计及施工图设计审批时，硬性规定该项目必须接纳一定比例的"绿色建材"，才予以通过。

（2）通过市场引导的方式。鼓励业主单位多使用"绿色建材"产品，凡是使用"绿色建材"达到一定比例的，均可以得到政府的奖励或者补贴。凡是市政工程，在同等条件下优先采购"绿色建材"。

（3）鼓励"绿色建材"的技术研发。通过科研立项资助、成果转化资助等方式鼓励企业进行技术创新；对采用先进技术的企业给予一定的设备采购补贴，或者采取以奖代补的方式，奖励采用先进技术设备的项目。

（4）鼓励具备能力的企业参与产业链。对以"绿色建材"为主营业务的企业，从土地供给、税收优惠及财政补贴等方面予以扶持。

（5）成立城市废弃物资源化处置行业协会。协会成员主要由建筑垃圾资源化处置产业链各环节的企业成员组成，包括产业链前端的技术研发机构，设计院，建筑施工企业，渣土运输、循环利用加工企业，工程咨询机构等。协会作为一个联系市场与政府的桥梁，将产业链各个分散的力量组织起来，推动技术的研发与应用，加强产业链上下游企业的合作。

7.2.4.2 青岛市

青岛市市政府颁布了《建筑废弃物再生产品推广应用实施细则》，采取了一系列措施对废弃物再生产品进行推广。

（1）市人民政府在年度财政预算中安排资金，来制定政策、宣传推广，鼓励使用城市废弃物再生产品，提高城市废弃物再生产品在建设工程项目中的使用比例；

（2）通过建筑废弃物资源化利用监管信息平台，公布建筑废弃物资源化利用企业的名称、地址和生产建筑废弃物再生产品的品种、数量等信息；

（3）在政府投资工程招标采购管理中优先采购满足设计规范要求的建筑废弃物再生产品，发挥政府采购的调控和引导作用；

（4）鼓励建设单位使用建筑废弃物再生产品，在设计招标时将使用建筑废弃物再生产品的相关要求列入设计招标文件，并纳入设计合同条款；

（5）全部或者部分使用财政性资金的工程以及市容环境提升项目、城市更新项目，应当率先在基础垫层、砌筑型围墙、人行道板、市政路基垫层、广场、室外绿化停车场等工程部位，全面使用符合技术指标、设计要求的建筑废弃物再生产品；

（6）建设单位在工程项目中使用经市城乡建设行政主管备案的建筑废弃物再生混凝土、再生砖、再生干粉砂浆和再生种植土且分别达到总用量的30%、20%、10%，可以按照《青岛市人民政府办公厅关于印发青岛市建筑废弃物资源化利用处置费征收使用管理办法的通知》的要求申请全额返还建筑废弃物资源化利用处置费；未达到以上规定比率的，按照实际使用比率返还；

（7）鼓励高等院校、科研机构、建筑废弃物资源化利用企业开展建筑废弃物资源化利用科学研究和技术合作，参与相关行业标准、国家标准的制定，推广建筑废弃物资源化利用新技术、新工艺、新材料、新设备等活动。

7.2.4.3 深圳市

深圳市在《深圳市建筑垃圾处置和综合利用管理办法》中明确指出：

（1）建筑垃圾综合利用产品应当纳入绿色产品目录和政府绿色采购目录。政府投资项目应该在技术和经济许可的范围内优先采用符合建筑垃圾综合利用要求的设计方案、工艺、材料和技术设备，优先采用建筑垃圾综合利用产品。

（2）鼓励社会投资工程的建设单位积极采用建筑垃圾综合利用产品，提高建筑垃圾利用产品的市场占有率。

7.2.4.4 昆明市

昆明市在《昆明市城市建筑垃圾管理实施办法》指出：

（1）住建部门对于利用建筑垃圾生产的新型建材，纳入新型墙体材料范畴，执行新型墙体材料专项基金返退政策；

（2）符合环保、节能要求的产品，可享受新型墙体材料专项基金的扶持等优惠政策；

（3）政府投融资建设的项目应该使用建筑垃圾资源化替代产品，其替代使用率不得少于30%；由社会资金投资的建设项目应当使用建筑垃圾资源化替代产品，其替代使用率不得少于10%。

7.2.4.5 邯郸市

（1）建设部门落实减免墙改资金政策，最大限度地鼓励建设施工单位使用建筑垃圾制砖产品；

（2）税务部门按照国家有关规定落实企业所得税和增值税的减免优惠政策；

（3）新闻单位加大宣传力度，提高建设施工单位和市民对建筑垃圾制砖产品的认知度；

（4）要求生产企业严把产品质量关，保证清洁和安全生产。

7.2.5 产业链

目前城市废弃物资源化产业规模较小，城市废弃物资源的源头减量、产生（拆迁）、运输、技术及装置研发、资源化处理、工程应用等各个环节还没有实现联动发展。将各城市废弃物回收回用产业的相关主体联结起来形成城市废弃物资源化全产业链将能更好地促进城市废弃物资源化利用。城市废弃物回收回用产业的相关主体主要是指能提供城市废弃物处理服务的、按照有关市场规则参与竞争的企业。城市废弃物资源化全产业链包括前端（城市废弃物信息化平台搭建阶段，城市废弃物减量化设计阶段、城市废弃物产生阶段、城市废弃物运输阶段）、中端（城市废弃物再生处理阶段）、后端（城市废弃物资源化利用产品工程应用阶段）三个部分。

7.2.5.1 城市废弃物信息化平台搭建阶段

在"互联网＋"时代，建立城市废弃物信息化平台十分必要。从目前来看，建筑垃圾还是属于一种质量大、附加值低的材料来源，通过网络平台来实现科学的资源化利用设施布局、合理的运输路径选择、完善的分类收集制度落实，将对降低处置成本、规范各环节管理起到非常重要的作用。国内信息化监管还停留在给渣土车安装 GPS 阶段，实际效用微乎其微。基于物联网、虚拟现实等技术，搭建城市废弃物全流程信息化监督管理平台，通过平台对城市废弃物产生、收集、运输、处置等环节进行监控，通过大数据的各种算法对历史数据进行横向、纵向的分析，为各级部门提供处置场所相关的决策依据，定时发送给相关人员，例如三黑报告、企业考核报告、车辆考核报告、运量预测等，可有效解决城市废弃物资源化利用过程中清运管理困难、再生利用率低等问题。

7.2.5.2 城市废弃物减量化设计阶段

减少建筑材料消耗和建筑垃圾的产生，最好的时机是在整个建造过程的最开始阶段，所以促使设计者在设计过程中考虑减少建筑垃圾的产生具有重要意义。减量化应该与资源化同步，从源头控制是控制建筑垃圾产生的关键。倡导以绿色设计、绿色施工为基础的"绿色建筑"：在设计阶段结合新技术进行源头减量，推广预制构件，以减少现场施工带来的建筑垃圾。

7.2.5.3 城市废弃物产生阶段

施工企业和拆除企业在项目建设过程中会制造出许多的建筑废弃物，包括：混凝土、碎砖、废弃混凝土块、土、渣土、石子和块石、散落的砂浆和搬运过程中散落的黄砂、废钢筋、废铁丝和各种废钢配件、金属管线废料、各种装饰材料的包装箱、刨花、包装袋、废竹木、木屑等。施工企业会将废钢筋、废铁丝等价值较高的建筑废弃物分拣出来重新利用或作为废品卖掉，其余价值较低的建筑废弃物会被运输企业拉到垃圾处置厂或现场直接填埋。典型企业例如：中国建筑工程总公司、北京建工集团有限责任公司、北京城建集团有限责任公司等。

7.2.5.4 城市废弃物运输阶段

废弃物应按产生源不同，采取分流收运方式。城市废弃物资源化利用运输企业在进入现场后，将由于施工、建筑拆除、装修等所产生的城市废弃物按照回收回用的方法进行分类收集，然后按照指定的时间、路线将城市废弃物运输到处置厂区，处置厂区一般分为四块：可回填垃圾区、有害垃圾区、可回收回用垃圾区、其他垃圾区。城市废弃物运输车应采取密闭措施，运输过程中避免产生新的城市废弃物，减少对环境的污染。目前，较多的城市废弃物资源回收回用企业都采用自己运输的方式。

城市废弃物非资源化利用运输企业在进入现场后，将由于施工、建筑拆除、装修等所产生的城市废弃物由工人盛装到运输车辆内，然后按照指定的时间、路线将城市废弃物运输到城市周边的城市废弃物消纳场直接倾倒。其与资源化利用运输企业的区别是未与现有的城市废弃物回收回用企业有直接的生产链关系，仅负责运输与倾倒。

7.2.5.5 城市废弃物再生处理阶段

城市废弃物再生处理阶段包括技术及装置研发阶段、资源化处理阶段。目前，国内有较多机构开展关于城市废弃物再生处理方面的技术研究，包括城市废弃物的循环利用技术、城市废弃物资源化利用技术、再生骨料生产技术、城市废弃物再生产品生产工艺等，其中研制的城市废弃物制成道路结构层材料、墙体材料、市政设施等新型环保节能产品已应用于城市建设中。另外，国内也有许多企业从事城市废弃物资源化装置研发的工作，包括：破碎机、筛分机、制砖机等，这些设备在城市废弃物再生阶段发挥了十分重要的作用。

在青岛某公司建成的城市废弃物循环建材工业园内，城市废弃物经处理后，变成了建筑施工中经常用到的砂石。公司的产品、生产线繁多，几乎能把青岛市的废弃物全部资源化利用，更关键的是生产过程没有粉尘、固废排放，全过程绿色环保。目前公司总投资超过 1600 万元，建设了 3 条城市废弃物再生粗细骨料生产线，每年生产超过 120 万 t 粗细骨料，还有一条砖和空心砌块生产线，每年制造了超过 16 万 m^3 的产品；另外还有一条混凝土生产线，每年出售商品混凝土超过 30 万 m^3。

7.2.5.6 城市废弃物资源化利用产品工程应用阶段

建设单位将再生骨料、再生混凝土、再生砌块等运用到工程项目的建设中，替代已有的建筑材料，不仅节约了大量的材料，减少了城市废弃物的排放，而且实现了资源的再循环利用。例如：青岛某公司开发的青岛海逸景园 6 号工程使用了超过 300m^3 的可再生混凝土。合宁高速公路全长 133.43km，在道路二次建设中，就地将废旧混凝土破碎制造再生粗细骨料，并用再生骨料代替天然骨料配制混凝土，不仅节省了购买骨料的费用，还节约了处置废旧骨料的费用，获得的经济效益超过 500 万元。

居民将旧建筑拆除的城市废弃物进行分类收集，回收的完整砖块可用于再次砌筑，回收的木料直接再用于重建建筑。居民将再生路面砖用于院落内地面的铺设，硬化路面，将再生骨料用于代替砂，将再生砌块用于代替黏土砖。通过居民个人运用城市废弃物资源化利用产品，很大程度上降低了城市废弃物对环境的污染。

"十三五"国家重点研发计划《建筑垃圾资源化全产业链高效利用关键技术研究与应用》项目启动会暨实施方案论证会在北京召开。该项目的目标是将建筑垃圾资源化全产业链关键环节进行统筹规划，立足减量化和系统化，从建筑垃圾利用的整个周期解决建筑垃圾产生、分类、再生处置及工程应用的关键技术问题，对建筑垃圾管理与资源化利用行业的发展具有深远的意义。产业链的形成可以大大提升建筑垃圾的利用量以及利用率，有效缓解我国建筑垃圾"围城"的局面。

如图 7.1 所示为城市废弃物再利用产业链示意图。

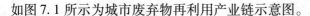

图 7.1　城市废弃物再利用产业链示意图

7.3　本章小结

欧盟、美国、日本、韩国、新加坡等对城市废弃物的管理有完善的措施体系，主要从优惠政策、监管机制、技术体系、推广方式、产业链这几方面进行管理。优惠政策主要有财政补贴政策、税收优惠政策、金融支持政策；监管体制普遍采用了以经济手段辅助严格监管的方式，包括税收管制型、收费控制型、传票制度和准入制度；技术体系主要有垃圾减量化设计、城市废弃物分离处理和再生骨料利用技术；推广方式是由通过标识制度和行业协会进行推广；生产模式为"资源—生产—原料—再生产"。

我国目前已经出台一些针对城市废弃物的管理措施，在优惠政策方面，国家开始实施《中华人民共和国循环经济促进法》，并提出了一系列"激励措施"，对我国的税收优惠政策做了原则性规定。城市层面上，长沙等一些城市也出台了一些经济优惠政策；监管机制方面，长沙、北京、许昌等城市都相继建立了较完善的监管机制；技术体系方面，长沙市等一些城市研发了不同的城市废弃物处理技术与设备；推广方式方面，政府给予了坚定的政策支持，在经济上给予一定补贴，对废弃物再生产品加大宣传力度，扩大推广应用示范工程；产业链方面，国家启动研发项目，重点研发建筑垃圾资源化全产业链。

虽然我国政府在优惠政策、监管机制、技术体系、推广方式、产业链方面出台了一定的措施，但是并没有建立完善的措施体系。而且，大部分地区和城市在此领域是一片空白，或是仅仅停留在表面，并没有真正实施。

我国政府每年都制定了明确的城市废弃物资源化利用的目标和任务，但是完成任务的难度非常大。这主要归结于缺乏配套的管理措施，管理模式中存在一定的问题，主要体现：对城市废弃物处理、回收管理意识严重缺失，缺乏规划先导，管理体制不健全，产业定位不合理，缺乏技术支撑，未形成良好的市场运作机制，配套措施不健全，监管力量薄弱。

尽管我国现在还未能形成城市工程废弃物的管理体系，但是我国不少城市已经就管理体系的建立做出了尝试，出台了相应的法规体系，政府也意识到了管理体系的重要性，"十三五"国家重点研发计划《建筑垃圾资源化全产业链高效利用关键技术研究与应用》显示了我国建立城市工程废弃物管理体系的决心。因此，在我国政府的努力下，在各省市自治区有关部门的配合下，相信我国可以探索出适合我国的城市工程废弃物的管理体系，促进城市工程废弃物更有效地回收再利用。

总　结

　　本书从建筑垃圾、工程弃土、城市污泥和废旧沥青的基本概念、主要组成和产生的原因入手，详细介绍了城市工程建设废弃物的资源化利用现状、技术、再生产品、工程应用，并分析了城市工程建设废弃物资源化领域的相关法律法规和管理措施。强调了对城市工程建设废弃物进行资源化利用是减少城市工程建设废弃物排放的有效途径，不仅可以减轻城市固废处理压力，改善人们的生活环境，而且可以使废弃物"变废为宝"，促进循环经济发展，对实现节能减排，建设资源节约型、环境友好型社会的目标具有重要战略意义和实际可操作性。

　　建筑垃圾方面，本书阐述了目前国内建筑垃圾资源化利用尚处于起步阶段，与经济建设的快速发展不相适应；列举了建筑垃圾再生产品在城市建设中已有的具体的实际工程应用以及国内一些典型城市针对建筑垃圾资源化利用出台的相关政策法规；认为利用建筑垃圾生产再生骨料、再生砖、再生砌块、再生挡土墙、再生预拌砂浆和再生高品质混凝土墙板等再生产品，一方面符合国家可持续发展的要求，另一方面可以解决建筑垃圾无处堆放、大量占用土地的问题。我国应当学习国外先进的制度、经验和技术，正视目前国内建筑垃圾资源化处理存在的问题，在不断实践与改进的过程中推动我国建筑垃圾资源化利用的进程。

　　工程弃土方面，本书从国内工程弃土的资源化利用现状出发，以长沙市为例，分析了工程弃土的来源以及带来的危害。针对目前工程弃土资源化存在的问题，国内典型城市开展了相关试点研究工作，如长沙市开展了工程弃土制备烧结砖的研究。本书结合长沙市等多个城市工程弃土资源化利用的研究，总结了几点成功经验，提出通过工程弃土的资源化利用，可以将部分弃土转化为市场需求量极大的建材产品，一方面可以解决工程弃土带来的问题，另一方面可以创造更好的社会效益和经济效益，同时，强调控制建设工程弃土的关键是要从源头控制，尽可能地减少对地下空间的开发，避免过多工程弃土的产生。

　　城市污泥方面，本书强调了在我国城镇化过程中污泥是急需解决的问题，结合我国目前的国情，通过对国家相关政策的解读，指出污泥焚烧在所有的污泥处置方式中成本最高，相对而言污泥的建材化利用是更具有现实性和可行性的处理方式。建议政府应加大平台建设，促进高校、研究机构、企业等进行深入合作，提高新技术、新工艺的研发水平，从而加大对城市污泥的利用。

废旧沥青方面，本书从长沙市的废旧沥青资源化利用现状与相关技术、政策，引出了全国地区废旧沥青资源化利用情况，并且解读了目前国内有关废旧沥青资源化利用的技术。根据国内政策情况以及政策落实情况，结合长沙地区相关经验以及国内经验，提出了几点建议：采用政府搭建平台，结合高校、研究所以及企业，进行共同合作开发，使废旧沥青能够得到较好的利用，从而推进国内相关政策的完善，加快国内废旧沥青相关技术的发展，推动废旧沥青相关再生产品的生产与实际工程应用的落实。

法律法规方面，本书通过对发达国家城市废弃物处理及资源再利用领域的法律法规、技术举措以及我国现行的几个地方城市废弃物资源化利用相关条例与办法进行总结及差异性原因分析，结合我国各城市废弃物管理和利用现状，探索我国未来建筑垃圾资源化的发展走向，给我国各地方城市在建筑垃圾的资源化利用方面的发展提出建议。

管理措施方面，本书首先分析了发达国家和地区如欧盟、美国、日本、韩国、新加坡等对城市废弃物管理的措施体系，这些国家主要从优惠政策、监管机制、技术体系、推广方式、产业链这几方面进行管理，有一套十分完善的措施体系，而我国虽然在这些方面出台了一些措施，但是并没有建立完善的措施体系，这使得我国政府每年有关城市废弃物资源化利用的目标和任务变得十分难以完成。虽然我国目前建筑垃圾再利用行业已进入起步阶段，但是行业间的产业链还未真正形成，因此我国目前急需建立建筑垃圾再利用行业的产业链，促进我国建筑垃圾再利用行业的发展。

本书深入总结了包括湖南省长沙市在内的全国多个典型城市工程建设废弃物资源化利用的经验，从中总结出先进性且规范性的做法，以促进城市工程建设废弃物更有效的利用，为减少城市污染做出贡献，以便创造更好的社会效益和经济效益。

附录1 相关规范标准

1. 《建筑垃圾处理技术标准》（CJJ/T 134—2019）

2. 《混凝土用再生粗骨料》（GB/T 25177—2010）

3. 《混凝土和砂浆用再生细骨料》（GB/T 25176—2010）

4. 《再生骨料应用技术规程》（JGJ/T 240—2011）

5. 《装饰混凝土砌块》（JC/T 641—2008）

6. 《轻集料混凝土小型空心砌块》（GB/T 15229—2011）

7. 《室内装饰装修材料人造板及其制品中甲醛释放限量》（GB 18580—2017）

8. 《建筑材料放射性核素限量》（GB 6566—2010）

9. 《纤维水泥制品试验方法》（GB/T 7019—2014）

10. 《城镇污水处理厂污泥处置制砖用泥质》（GB/T 25031—2010）

11. 《化学品有机物在消化污泥中的厌氧生物降解性气体产量测定法》（GB/T 27857—2011）

12. 《城镇污水处理厂污泥处置单独焚烧用泥质》（GB/T 24602—2009）

13. 《公路沥青路面再生技术规范》（JTG/T 5521—2019）

14. 《再生骨料应用技术规程》（JGJ/T 240—2011）

15. 《工程施工废弃物循环再利用技术规范》（GB/T 50743—2012）

16. 《公路水泥混凝土路面再生利用技术细则》（JTG/T F31—2014）

17. 《沥青路面厂拌热再生施工技术规范》（DB32/T 3312—2017）

18. 《道路用建筑垃圾再生骨料无机混合料》（JC/T 2281—2014）

19. 《建筑垃圾再生骨料实心砖》（JG/T 505—2016）

20. 《废弃木质材料回收利用管理规范》（GB/T 22529—2008）

21. 《废弃木质材料分类》（GB/T 29408—2012）

22. 《废塑料回收分选技术规范》（SB/T 11149—2015）

23. 《废玻璃回收分拣技术规范》（SB/T 11108—2014）

24. 《废玻璃分类》（SB/T 10900—2012）

25. 《再生橡胶通用规范》（GB/T 13460—2016）

26. 《公路水泥混凝土路面施工技术细则》（JTG/T F30—2014）

附录 2 相关政策法规

1.《城市建筑垃圾管理规定》

2.《中华人民共和国循环经济促进法》

3.《财政部 国家税务总局关于调整完善资源综合利用产品及劳务增值税政策的通知》

4.《交通运输部关于加快推进公路路面材料循环利用工作的指导意见》

5.《国务院办公厅关于转发发展改革委 住房城乡建设部绿色建筑行动方案的通知》

6.《国务院关于印发循环经济发展战略及近期行动计划的通知》

7.《中华人民共和国固体废物污染环境防治法》

8.《建筑垃圾资源化利用行业规范条件》（暂行）

9.《战略性新兴产业重点产品和服务指导目录》（2016 版）

10.《中共中央国务院关于进一步加强城市规划建设管理工作的若干意见》

11.《国务院关于深入推进新型城镇化建设的若干意见》

12.《土壤污染防治行动计划》

13.《国务院办公厅关于促进建材工业稳增长调结构增效益的指导意见》

14.《工业绿色发展规划（2016—2020 年）》

15.《建材工业发展规划（2016—2020 年）》

16.《全国城市生态保护与建设规划（2015—2020 年）》

17.《循环发展引领行动》

18.《国家发展改革委　财政部　住房城乡建设部关于推进资源循环利用基地建设的指导意见》

19.《国家发展改革委　住房城乡建设部办公厅关于推进资源循环利用基地建设的通知》

20.《国务院办公厅关于印发"无废城市"建设试点工作方案的通知》

21.《城市建筑垃圾和工程渣土管理规定》

22.《我国建筑垃圾资源化产业发展报告（2014 年度）》

23.《拆毁建筑废弃物产生量的估算方法探讨》

24. 《关于全面推进建筑垃圾综合管理循环利用工作的意见》

25. 《交通运输"十二五"发展规划》

26. 《"十二五"公路养护管理发展纲要》

27. 《节能减排"十二五"规划》

28. 《"十三五"公路养护管理发展纲要》

29. 《"十三五"现代综合交通运输体系发展规划》

30. 《"十三五"全国城镇污水处理及再生利用设施建设规划》

31. 《关于加快发展现代交通业的若干意见》

32. 《关于加快推进公路路面材料循环利用工作的指导意见》

33. 《中华人民共和国清洁生产促进法》

34. 《中华人民共和国固体废弃物污染环境防治法》

35. 《再生节能建筑材料财政补助资金管理暂行办法》

36. 《再生资源回收管理办法》

37. 《城镇污水处理厂污泥处理处置及污染防治技术政策》

38. 《城镇污水处理厂污泥处置混合填埋用泥质》

39. 《湖南省人民政府关于加快环保产业发展的意见》

40. 《湖南省人民政府办公厅关于加强城市建筑垃圾管理促进资源化利用的意见》

41. 《湖南省实施〈中华人民共和国固体废物污染环境防治法〉办法》

42. 《湖南省实施〈中华人民共和国循环经济促进法〉办法（草案）》（送审稿）

43. 《湖南省财政厅关于印发〈湖南省政府采购支持两型产品办法〉的通知》

44. 《湖南省人民政府办公厅关于推进城乡环境基础设施建设的指导意见》

45. 《长沙市城市建筑垃圾运输处置管理规定》

46. 《长沙市建筑垃圾资源化利用管理办法》

47. 《长沙市新型墙体材料专项基金生产项目补贴实施细则》

48. 《长沙市人民政府办公厅关于进一步做好两型产品推广使用工作的通知》

49. 《长沙市人民政府办公厅关于印发长沙市建筑垃圾治理试点城市建设工作方案的通知》

50. 《长沙市人民政府办公厅关于加强和规范招标投标工作的意见》

51. 《〈长沙市建筑垃圾资源化利用管理办法〉实施细则》

52. 《长沙市渣土弃土场布局规划（2013—2020）》

53. 《北京市绿色建筑行动实施方案》

54.《上海市建筑废弃混凝土资源化利用管理暂行规定》

55.《深圳市建筑废弃物运输和处置管理办法》

56.《深圳市建筑废弃物减排与利用条例》

57.《深圳市固体废物污染防治行动计划（2016—2020 年）》

58.《深圳市人民政府办公厅关于进一步加强建筑废弃物减排与利用工作的通知》

59.《深圳市建设工程质量提升行动方案（2014—2018 年）》

60.《深圳市建筑废弃物综合处置工作方案》

61.《深圳市余泥渣土受纳场专项规划（2011—2020）》

62.《深圳市建筑废弃物综合利用项目激励办法》

63.《许昌市建筑垃圾管理及资源化利用实施细则》

64.《许昌市施工工地建筑材料建筑垃圾管理办法》

65.《杭州市工程渣土管理实施办法》

66.《浙江省新型墙体材料开发利用管理办法》

参考文献

［1］程清华．建筑业资源浪费现象及对策［J］．合作经济与科技，2010（13）：24-26.

［2］罗越，王宇静，王巨亮，等．我国建筑垃圾处理产业化现状分析与对策研究［J］．绿色科技，2015（6）：315-319.

［3］赵爽，郑飞．建筑垃圾循环利用法律制度研究［J］．哈尔滨商业大学学报（社会科学版），2012（3）：106-112.

［4］丁树谦．建筑垃圾循环利用现状及基本途径［J］．环境与可持续发展，2009，34（3）：27-29.

［5］宋先哲．我国建筑垃圾处理存在的问题与对策［J］．内蒙古科技与经济，2016（7）：38-39.

［6］高青松，雷琼嫦，何花．我国建筑垃圾循环利用产业发展迟缓的原因及对策研究［J］．生态经济（中文版），2012（12）：128-131.

［7］张括，谭大璐，任启东．浅析如何从源头控制建筑垃圾［J］．建筑经济，2011（8）：100-101.

［8］Scharff H. Landfill reduction experience in The Netherlands.［J］. Waste Management, 2014, 34（11）：2218.

［9］Kourmpanis B, Papadopoulos A, Moustakas K, et al. Preliminary study for the management of construction and demolition waste［J］. Waste Management & Research the Journal of the International Solid Wastes & Public Cleansing Association Iswa, 2008, 26（3）：267.

［10］Kourmpanis B, Papadopoulos A, Moustakas K, et al. An integrated approach for the management of demolition waste in Cyprus.［J］. Waste Management & Research the Journal of the International Solid Wastes & Public Cleansing Association Iswa, 2008, 26（6）：573.

［11］朱红兵．废弃水泥混凝土再生利用研究现状［J］．中国水运：学术版，2007，7（2）：99-101.

［12］张增杰，韩玉花．城市地下空间开发中的弃土管理和处置对策［J］．城市环境与城市生态，2008（4）：22-24.

［13］朱伟，刘汉龙，高玉峰．工程废弃土的再生资源利用技术［J］．再生资源研究，2001（6）：32-35.

［14］梅华，王晓光，王丰仓．公路隧道弃渣的危害及其处置对策分析［J］．交通节能与环保，2013（2）：85-88.

［15］孟云伟，汪洋．垃圾土的工程性质研究现状［J］．重庆交通大学学报（自然科学版），
2006，25（s1）：150-154.

［16］严树．垃圾土的工程性质研究［D］．武汉：中国科学院研究生院（武汉岩土力学研究
所），2004.

［17］王健，倪栋．山区公路隧道建设弃渣综合利用研究［J］．公路交通科技：应用技术版，
2012（6）：344-345.

［18］黄志斌．深圳市淤泥渣土处理设施现状和对策［J］．环境卫生工程，2013，21（1）：
50-52.

［19］张丽．市政道路路基工程中建筑渣土的应用探讨［J］．建筑工程技术与设计，
2015（14）.

［20］汤渊，李春杰，常鸽．隧道工程弃土弃渣对环境的影响及处置对策［C］．第五届中国国
际隧道工程研讨会文集，2011.

［21］韦宏刚．城市建筑垃圾和工程渣土危害分析［J］．城市建设理论研究：电子版，
2012（8）.

［22］郭蕊．工程弃土综合利用政策及技术浅析［J］．河南建材，2017（4）.

［23］陈胜霞，张亚梅．城市生活污泥在制砖工业中的应用［J］．砖瓦，2004（2）：3-5.

［24］俞锐，叶青，叶文．城市污泥建材化的相关测试及研究［J］．中国给水排水，2004，
20（11）：1-5.

［25］张焕坤，朱桂燕，邢书彬，等．城镇污泥资源化利用技术浅析［C］//全国污水处理技术
研讨会，2009.

［26］陈萍，张振营，李小山，等．废弃污泥作为再生资源的固化技术与工程应用研究［J］．
浙江水利科技，2006（6）：1-3.

［27］马芳，刘晓丹．浅谈城市污泥资源化利用的途径［J］．中国资源综合利用，2007，
25（8）：16-18.

［28］段会彬．废旧沥青混合料的再生利用［J］．中小企业管理与科技，2016（3）：219.

［29］景冬冬．废旧沥青混合料常温再生的试验研究［D］．哈尔滨：东北林业大学，2007.

［30］刘玉磊．再生沥青混合料路用性能的试验研究［D］．哈尔滨：东北林业大学，2007.

［31］王祺昌，金权斌，林亚萍．道路废旧沥青的再生利用研究［J］．山西建筑，2015，41
（20）：126-127.

［32］桂希衡，徐孝蓉，黄秀．废旧沥青的再生利用［J］．中国公路，2003（11）：60-62.

［33］赵晶晶，张丽宾，祁欣．废旧沥青的再生研究［J］．北京化工大学学报（自然科学
版），2011，38（4）：48-51.

［34］李波，刘涛．废旧沥青混合料回收热再生技术的开发及其应用［J］．交通世界，
2011（12）：242-244.

［35］何汉春，饶红胜．废旧沥青面层材料再生利用的开发及应用［J］．中国公路，

2009（15Z）：42-44.

［36］吴惠清．废旧沥青再生利用［J］．四川水泥，2015（8）：139.

［37］任靖峰．高速公路沥青砼废料再生应用研究［D］．长沙：长沙理工大学，2007.

［38］王金忠．旧沥青路面的再生利用及技术研究［J］．交通世界，2012（4）：84-85.

［39］张雄．沥青路面厂拌热再生及其设备改进技术研究［D］．西安：长安大学，2012.

［40］孙红烽．沥青路面就地热再生技术在高速公路养护中的应用［J］．交通运输研究，2013（24）：6-10.

［41］何海禄．市政道路工程中废旧沥青混合料的再生利用［J］．甘肃科技纵横，2008，37（5）：94.

［42］张金喜，李娟．我国废旧沥青混合料再生利用的现状和课题［J］．市政技术，2005，23（6）：340-344.

［43］丁湛，栗培龙，耿九光．废旧沥青混合料的环境影响分析［J］．安全与环境工程，2006（1）：59-61

［44］冷发光，何更新，张仁瑜，等．国内外建筑垃圾资源化现状及发展趋势［J］．环境卫生工程，2009，17（1）：33-35.

［45］周文娟，陈家珑，路宏波．国内外建筑垃圾资源化现状及思考［C］//中国国际新型墙体材料节能减排高层论坛暨中国建材工业利废国际大会论文集，2008.

［46］塞守卫，马保国，郝先成，等．建筑垃圾资源化利用现状与示范［J］．建设科技，2008（15）：58-59.

［47］黄靓．建筑垃圾资源化技术：现状与展望［J］．建设科技，2016（23）：20-23.

［48］张玉军．我国建筑垃圾资源化现状分析及对策研究［J］．中国科技成果，2015（17）：7-9.

［49］左亚．中国建筑垃圾资源化利用的现状研究及建议［D］．北京：北京建筑大学，2015.

［50］陈家珑．我国建筑垃圾资源化利用现状与建议［J］．建设科技，2014（1）：8-12.

［51］长沙市建筑固体废弃物综合利用现状和发展方向、路径及策略［C］//第九届夏热冬冷地区中心城市建筑节能与墙材革新工作交流会，2013.

［52］李秋义．建筑垃圾资源化再生利用技术［M］．北京：中国建材工业出版社，2011.

［53］吴英彪，石津金，刘金艳．建筑垃圾资源化利用技术与应用——道路工程［M］．北京：中国建材工业出版社，2019.

［54］曾兴华，邵滨，别涛，等．建筑垃圾制备新型墙材的技术研究［J］．墙材革新与建筑节能，2012（01）：23-27.

［55］孙金颖，陈家珑，周文娟．建筑垃圾资源化利用城市管理政策研究［M］．北京：中国建筑工业出版社，2016.

［56］梁勇，李博，马刚平，等．建筑垃圾资源化处置技术及装备综述［J］．环境工程，2013，31（04）：109-113.

[57] 张琨健．建筑垃圾及固体废弃物制备新型烧结墙体材料的研究［J］．砖瓦，2016 （05）：5-11.

[58] 曾兴华，李昧然，宋冬生，等．建筑垃圾应用于新型墙材研究综述［J］．新型建筑材料，2011（04）：36-40.

[59] 纪勇，杨煜明，邴常远．卓达新材：高效提高建筑垃圾循环应用［J］．建设科技，2015 （17）：76-78.

[60] 陆沈磊．利用建筑垃圾原料生产再生砖的探讨［J］．再生资源与循环经济，2015 （09）：33-35.

[61] 程蓉，周春华，陆沈磊．综合利用尾矿和建筑垃圾生产的再生砖［J］．四川建材，2016 （01）：25，29.

[62] 李启金，李国忠，姜葱葱．利用建筑垃圾再生集料制备混凝土小型空心砌块的研究 ［J］．建筑砌块与砌块建筑，2013（02）：13-16.

[63] 魏鑫．西咸北环线高速公路11月贯通建筑垃圾做路基［N］．西安晚报，2015-09-11（2）.

[64] 刘国柱，张振，王迪．建筑废弃物在高速公路路基中的应用［J］．公路交通科技，2016 （8）：57-59.

[65] 张利军．建筑垃圾铁路路基填筑的模型试验研究［J］．铁道建筑技术，2016（12）：64- 66，85.

[66] 吴英彪，石津金，刘金艳，等．建筑垃圾在城市道路工程中的全面应用［J］．建设科技，2016（23）：33-36.

[67] 兰聪，卢佳林，陈景，等．我国建筑垃圾资源化利用现状及发展分析［J］．商品混凝土，2017（9）：23-25.

[68] 沈微．浅谈城市建筑废土的处理和利用［J］．水土保持应用技术，2009（4）：48-49，315-317.

[69] 葛妍，葛煜炜．绕城公路2.2公里"青奥长廊"年底建成［EB/OL］．龙虎网，2013- 03-13.

[70] 王东权，陈沛，刘春荣，等．建筑渣土在市政道路路基工程中的应用研究［J］．建筑技术，2005（2）：145-146.

[71] 余俊，李珍贵，杨勇，等．长沙轨道工程废弃土——红砂岩制砖小试研究［J］．墙材革新与建筑节能，2012（9）：26-30.

[72] 冯志远，罗霄，黄启林．余泥渣土资源化综合利用研究探讨［J］．广东建材，2018（2）.

[73] 黄春生，李良伟，吴雁群，等．苏南地区利用工程弃土生产保温烧结砌块的建议——以苏州市为例［C］//第十一届国际绿色建筑与建筑节能大会论文集，2015.

[74] 陈新，徐涛，李可，等．深圳市开发建设项目弃土管理现状与对策［J］．中国水土保持，2014（12）：22-24.

[75] 刘萌，甄理，李飞．利用建筑弃土制备可控低强材料试验研究［J］．江西建材，2015

（12）：56-60.

［76］王大春，郑敏. 城市污泥处理及资源化利用现状与建议［J］. 节能，2015（6）：4-8.

［77］刘奇，徐颖. 城市污泥处理利用现状研究［J］. 贵州化工，2010，35（1）：42-44.

［78］杜芳. 城市污泥处置及资源化利用研究进展［J］. 城市建设理论研究（电子版），2014（24）.

［79］王菲，杨国录，刘林双，等. 城市污泥资源化利用现状及发展探讨［J］. 南水北调与水利科技，2013（2）：99-103.

［80］李琳. 我国污泥管理体系现状及建议［J］. 中国环保产业，2013（5）：59-62.

［81］朱芬芬，高冈昌辉，王洪臣，等. 日本污泥处置与资源化利用趋势［J］. 中国给水排水，2012，28（11）：102-104.

［82］张应中，陈锐章，林强，等. 华润水泥协同处置干化污泥的工程实践［J］. 中国水泥，2018（10）：81-84.

［83］张冬，董岳，黄瑛，等. 国内外污泥处理处置技术研究与应用现状［J］. 环境工程，2015（s1）：600-604.

［84］钱雯婕，王妙星，金文萍，等. 城市污泥处置与其资源化利用分析［J］. 现代农业科技，2014（16）：218，229.

［85］北京市市政工程研究院. 污泥路用材料的研究与示范应用［J］. 市政技术，2016（4）：5-6.

［86］住房城乡建设部. 住房城乡建设部关于全国城镇污水处理设施2013年第三季度建设和运行情况的通报（城建〔2013〕21号）［EB/OL］.

［87］住建部，发展改革委. 城镇污水处理厂污泥处理处置技术指南（试行）（建科〔2011〕34号）［Z］，2011.

［88］赵伟. 城市污泥资源化处理制砖技术研究［D］. 南京：东南大学，2012.

［89］缪应祺. 水污染控制工程［M］. 南京：东南大学出版社，2002.

［90］杭世珺，关春雨，戴晓虎，等. 污泥水泥窑协同处置现状与展望（上）［J］. 给水排水，2019，55（04）：39-43＋49.

［91］冯士国，吴伟伟，王泽彪. 水泥窑协同处置市政污泥实践［J］. 中国水泥，2018（12）：86-87

［92］曹晶，潘胜. 厌氧消化污泥脱水性能变化的实验与分析［J］. 中国市政工程杂志，2012.

［93］戴小虎. 我国城镇污泥处理处置现状及思考［J］. 给水排水，2012，38（2）：1-5.

［94］唐建国. 日本下水道污泥处理处置的情况介绍［J］. 给水排水，2012，38（11）：48-54.

［95］张辰. 污泥处理处置技术研究进展［M］. 北京：化学工业出版社，2005.

［96］范锦钟. 高强陶粒生产技术方略［J］. 墙材革新与建筑节能，2009（6）：21-23.

[97] 周少奇. 城市污泥处理处置与资源化 [M]. 广州：华南理工大学出版社，2002.

[98] 池长江. 生产垃圾陶粒和污泥陶粒的制备方法 [P]. 中国：95101220，1995：11-13.

[99] 张云峰. 城市污水厂污泥资源化利用研究——污泥陶粒的研制及应用 [D]. 福州：福州大学，2004.

[100] 杜欣，金宜英，张光明. 城市生活污泥烧结制陶粒的两种工艺比较研究 [J]. 环境工程学报，2007，12（4）：109-114.

[101] Riley C M. Relation of Chemical Properties to the Bloating of Clays [J]. American Ceramic Society，1951，34（4）：121-128.

[102] Nakouzi S. A novel approach to paint sludge recycling [J]. Journal of Material Research，1998，13（1）：53-60.

[103] J. H. Tay，K. Y. Show，S. Y. Hong，et al. Thermal stabilization of iron-rich sludge for high-strength aggregates [J]. Mater. Civ. Eng. 2003，15（6）：577-585.

[104] 王兴润. 城市污水厂污泥烧结制陶粒的可行性研究 [J]. 中国给水排水，2007，23（7）：11-15.

[105] 许禄钟. 污泥制合成燃料技术及其工艺特点 [C]//四川省环境科学学会2012年学术年会论文集，2012.

[106] 张辉. 污泥复合燃料热利用特征与灰渣成型性能 [D]. 杭州：浙江大学，2013.

[107] 苏龙海. 废旧沥青混合料的再生利用研究 [J]. 建筑工程技术与设计，2016.

[108] 张金喜，杜辉，李娟，等. 道路工程建设中可再生资源应用的综合研究 [C]//全国道路与桥隧工程技术学术研讨会，2007.

[109] 包国涛. 沥青路面再生技术发展现状及应用前景 [J]. 城市建设理论研究（电子版），2012（30）.

[110] 徐世法，徐立庭，郑伟，等. 热再生沥青混合料新技术及其发展展望 [J]. 筑路机械与施工机械化，2013，30（6）：39-43.

[111] 王贵兵. 固体废弃物在生态建筑工程中的资源化利用 [J]. 绿色环保建材，2016（9）.

[112] 姜健，蒋承杰，蒋学. 建筑固体废弃物资源化利用及可行性技术 [J]. 科技通报，2013，29（3）：212-216.

[113] 上官秀芳. 浅谈沥青路面材料的回收再利用 [J]. 建筑工程技术与设计，2016（10）.

[114] 孙东杰，李喜民. 沥青再生技术的现状与发展 [J]. 商品与质量，2016，15（20）：16-18.

[115] 霍尚斌. 废旧沥青砼路面材料回收利用成套设备的研制 [J]. 山西交通科技，2009（2）：68-70.

[116] 潘春华，张文彧. 云端重工首创智能化废旧沥青回收再生设备 [J]. 工程机械，2015，46（5）.

[117] 文华，李晓静. 建筑垃圾在道路工程领域的研究现状及发展趋势 [J]. 施工技术，

2015，44（16）：81-84.

［118］耿九光. 沥青老化机理及再生技术研究［D］. 西安：长安大学，2009.

［119］沙庆林. 高速公路沥青路面早期破坏现象及预防［M］. 北京：人民交通出版社，2008.

［120］刘金玲. 沥青及沥青混合料就地热再生工艺研究［D］. 大连理工大学硕士学位论文，2009.

［121］李扬，褚春超，陈建营. 公路交通节能减排评价指标体系及应用研究［J］. 公路交通科技，2013，30（1）：141-145.

［122］拾方治，马卫民. 沥青路面再生技术手册［M］. 北京：人民交通出版社，2006.

［123］Donnchadh Casey，Ciaran Mcnally，Amanda Gibney，Michael D，Gilchrist. Developmentof a recycled polymer modified binder for use in stone mastic asphalt［J］. Resources. Conservation and Recycling. Volume 52. Issue l O. August 2008，1167-1174.

［124］J Don Brock，Sr Richmond，Milling and recycling［M］. Chattanooga：ASTEC. Industries，2007.

［125］Joe W Button，Dallas N Little，Cindy K Estakhri. Hot in-place recycling of asphaltconcrete［M］. Washington，D. C.：Transportation Research Board，1994.

［126］Jon A Epps，Dale D Allen. Cold-recycled bituminous concrete using bituminousmaterials［M］. Washington，D. C. Transportation Research Board National Research，1990.

［127］Recycling Hot Mix Asphalt Pavements［M］. National Asphalts Pavement Association，1996.

［128］"The Truth About Remixing Asphalt，" Better Roads［M］. 1987.

［129］Rita B. Leahy，PhD，PE Associate Professor. Laboratory Comparison of Solvent-loadedand Solvent-free Emulsions［M］. 2000.

［130］黄晓明，江瑞龄. 沥青路面就地热再生施工技术指南［M］. 北京：人民交通出版社，2007.

［131］梁宏仓，张刚. 沥青路面再生利用技术简介［J］. 科技信息（科学教研），2008.（18）：112

［132］姜武杰，赵文华，马先启. 沥青路面就地热再生工艺及其应用［J］. 建筑机械，2006.（09）：84-86.

［133］王晓辉. 沥青混合料就地热再生机械分析［J］. 山西建筑，2008（11）：276-277.

［134］朱新春. 高速公路沥青混凝土路面就地热再生技术［J］. 中国市政工程，2005（05）：16-17.

［135］徐金枝，崔文社，郝培文. 泡沫沥青厂拌冷再生技术在高速公路中的应用［J］. 武汉理工大学学报，2006，28（9）：52-55.

［136］舒森，郭平. 泡沫沥青厂拌冷再生技术在高速公路中的应用［J］. 筑路机械与施工机械化，2009，26（1）：46-49.

[137] 张宝祥. 旧沥青路面冷再生机械施工及成本评价 [J]. 筑路机械与施工机械化, 2003 (02): 78-79

[138] 刘森. 就地冷再生技术在道路大修工程中的应用 [J]. 养护机械与施工技术, 2011 (9): 80-82.

[139] 陈力维. 沥青路面运营期间能量消耗与气体排放量化分析研究 [D]. 西安: 长安大学, 2012.

[140] 花蕾. 泡沫沥青就地冷再生技术的节能减排效果 [J]. 建设机械技术与管理, 2011 (1): 106-108.

[141] 余秋鹏. 泡沫沥青厂拌冷再生的节能减排效果分析 [J]. 上海公路, 2011 (3): 50-54.

[142] 高博, 常连玉, 王应敏. 收费高速公路的定价问题与政府管制研究 [J]. 价格理论与实践, 2012: 25-26.

[143] 郭恒哲. 矿产资源生态补偿法律制度研究 [D]. 北京: 中国地质大学, 2008.

[144] 刘红林. 发展循环经济中的金融支持作用与优化机制问题研究 [D]. 保定: 河北大学, 2010.

[145] 李建辉. 资源型城市可持续发展中的政府行为研究 [D]. 大庆: 大庆石油学院, 2005.

[146] 陈力. 论建筑垃圾循环利用的法律规制 [D]. 重庆: 重庆大学, 2008.

[147] 李光颖. 乳化沥青就地冷再生技术研究 [D]. 重庆: 重庆交通大学, 2009.

[148] 吕伟民, 严家级. 沥青路面再生技术 [M]. 北京: 人民交通出版社, 1989.

[149] 董磊, 葛折圣. 资源节约、环境友好型沥青路面材料与技术综述 [J]. 市政技术, 2010.

[150] 董平如, 沈国平. 京津塘高速公路沥青混凝土路面就地热再生技术 [J]. 公路, 2004.

[151] 朱建东. 沥青路面现场热再生工艺在沪宁高速公路的应用 [J]. 华东公路, 2003, 145 (6): 7-10.

[152] 刘先森, 朱战良, 王欣. 厂拌热再生沥青技术在广佛高速公路路面大修工程的应用 [J]. 公路, 2004 (11): 131-136.

[153] 赵永波. 冷再生技术在陕西高速公路路面大修中的应用 [D]. 西安: 长安大学, 2010.

[154] 徐斌, 刘黎萍, 邵慧君. 高旧料掺量厂拌热再生沥青混合料在大中修工程中的应用 [J]. 城市道桥与防洪, 2015 (09): 226-228, 23-24.

[155] 崔晨, 冀振龙. 厂拌乳化沥青冷再生在上海 S6 公路上的试验应用 [J]. 中国市政工程, 2013 (02): 1-3 + 103.

[156] 王真. 昌金路: 乳化沥青冷再生首次亮相帝都 [J]. 中国公路, 2019 (07): 39.

[157] 夏永强. 北京白马路道路工程应用乳化沥青厂拌冷再生技术 [J]. 市政技术, 2012,

30（06）：3-4.

[158] 孙金颖．建筑垃圾回收回用政策研究［M/CD］．北京：中国建筑工业出版社，2015.

[159] 谭晓宁．城市建筑废弃物资源化利用探讨［J/OL］．山西建筑，2010，36（1）．

[160] 王秋菲，王盛楠．基于欧洲各国及新加坡建筑废弃物循环利用的政策研究．沈阳建筑大学学报（社会科学版）［J/OL］，2015，17（3）．

[161] 李欢欢，袁美，刘叶．建筑固体废弃物的处理与再利用［EB/OL］．建筑工程技术与设计，2016.

[162] 邓寿昌，婉君．建筑固体废弃物的管理现状—法规建设—循环经济—清洁生产与再生资源的效益分析［EB/OL］．第三届全国再生混凝土学术交流会论文集，2012.

[163] 孙丽蕊，陈家珑．欧洲建筑垃圾的资源化利用现状及效益分析［J/OL］．建筑技术，2012，43（7）．

[164] 李景茹，赫改红，钟喜增．日本、德国、新加坡建筑废弃物资源化管理的政策工具选择研究［J/OL］．建筑经济，2017，38（5）．

[165] 郑捷．对日本再生骨料混凝土相关标准的探析和思考［J］．商品混凝土，2015（7）：1-3.

[166] 坂本晃，王鸿春．日本东京治理垃圾污染之对策［OL］．美文名句网，2017.

[167] 刘炜杰，沈宏，李振京．英国环境税税收制度及启示［J］．宏观经济学，2012（3）．

[168] 路宏波，陈家珑，周文娟．我国建筑垃圾资源化现状及对策［OL］．谷腾环保网，2012.

[169] 刘初国，张成尧．新加坡建筑垃圾管理及综合利用考察报告［OL］．环卫科技网，2011.

[170] 深圳建筑垃圾再生建材［N］．深圳特区报，2008.

[171] 王翔宇．欧盟、美国、日本等国的建筑垃圾技术体系与推广方式分析［OL］．英大网，2016.

[172] 秦峰，许碧君，王雷．我国建筑垃圾处理现状与分析［OL］．环卫科技网，2015.

[173] 承建文．上海市建筑垃圾资源化利用深化研究［J］．金属材料与冶金工程，2011（02）：39.

[174] 赖明．让建筑垃圾成为"城市资源"［N］．人民政协报，2015.